春雨惊春清谷天，
夏满芒夏暑相连，
秋处露秋寒霜降，
冬雪雪冬小大寒。

听牙牙讲节气故事
与作者交流答疑解惑
二十四节气自然学院等你来

这就是二十四节气·春

高春香 邵敏 / 文　许明振 李婧 / 绘

海豚出版社
DOLPHIN BOOKS
CICG 中国国际传播集团

新世界出版社
NEW WORLD PRESS

图书在版编目（CIP）数据

这就是二十四节气．春 / 高春香，邵敏文；许明振，李婧绘．-- 2版．-- 北京：海豚出版社，2019.9（2023.12 重印）

ISBN 978-7-5110-4759-5

Ⅰ．①这… Ⅱ．①高… ②邵… ③许… ④李… Ⅲ．①二十四节气－儿童读物 Ⅳ．① P462-49

中国版本图书馆 CIP 数据核字 (2019) 第 171071 号

致 谢

本书在出版过程中，得到以下专家学者的悉心指导审阅，谨向各位致以诚挚的谢意：
刘夙，上海辰山植物园工程师；曾刚，中国科学院植物研究所博士；
同小娟，北京林业大学气象学博士；李晓燕，中国科学院心理研究所超常儿童研究中心。

这就是二十四节气·春

策划：张忍顺 齐德利
高春香 邵敏 / 文 许明振 李婧 / 绘

出版人：王磊
策划编辑：吕晖 王然 特约编辑：吴蓓 责任编辑：王然 美术设计：丁卉 责任印制：于浩杰 蔡丽
法律顾问：殷斌律师
出版：海豚出版社
地址：北京市西城区百万庄大街 24 号 邮编：100037
电话：010-68325006（销售） 010-68996147（总编室） 传真：010-68996147
印刷：天宇万达印刷有限公司
经销：全国新华书店及各大网络书店
开本：16 开（889mm × 1194mm） 印张：11 字数：100 千
版次：2015 年 9 月第 1 版 2019 年 9 月第 2 版 2023 年 12 月第 25 次印刷 印数：1007621 ~ 1035120
标准书号：ISBN 978-7-5110-4759-5
定价：150.00 元

牙牙六岁生日这天，妈妈送给她一张漂亮的红色卡片。妈妈说，这是古人发明的，每个人的生日都能在上面找到。牙牙是春天出生的孩子，而春天是四季的开始，窗外的树叶从发芽到落下再到发芽，就完成一次春夏秋冬的更替，牙牙就会长大一岁。

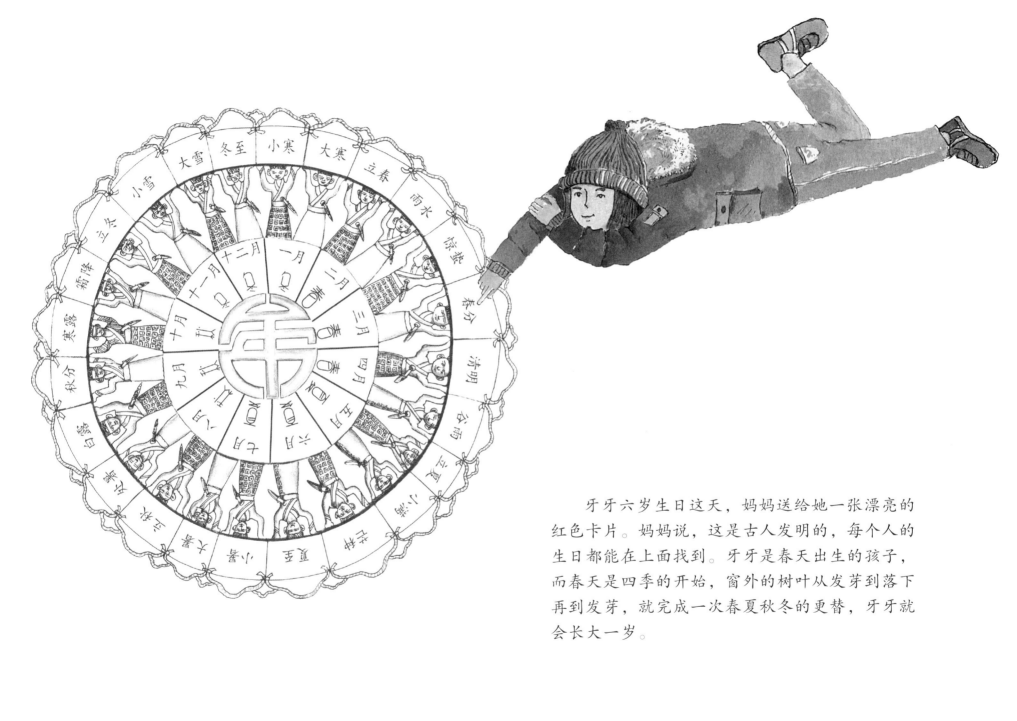

趁着春节，爸爸要带牙牙去山东爷爷家住上一阵。爸爸说，那里是黄河中下游，一年四季变化分明。古老的二十四节气就是在那里产生的。

牙牙好奇地问：“什么是二十四节气？”爸爸说：“就像一年有四季一样，两千多年前，我们聪明的祖先观察自然的变化，对一年做了更细致的划分，发明了‘二十四节气’和‘七十二候’，具体地说，五天为一候，三候为一个节气，六个节气就是一个季节。有了二十四节气，农民伯伯就知道‘谷雨前后，种瓜点豆’，小朋友就知道‘春分燕归来，白露燕南去’。”

立春

要过年了，村里真热闹，左邻右舍的哥哥姐姐都聚在院子里放鞭炮，一串长长的鞭炮被挂了起来，牙牙赶忙捂起耳朵。听说，鞭炮的响声能把叫“年”的怪兽吓跑。大人们忙着包饺子、炸春卷，准备年夜饭。爸爸告诉牙牙：“新年一到，春天跟着就来了，过完年，村里人就要忙起来了。”

立春

立春，又叫“打春”，时间点在2月3～5日之间。“立”是开始的意思，立春就是春天的开始。从这一天直到立夏，都被称为春天。

立春是中国的传统节日，代表新的一年开始，人们在这天吃春饼和春卷庆祝，称为“咬春”。农历新年通常是在立春前后，古时农历新年被称为元日、元旦，后来人们为了区分公历和农历，把公历1月1日称为“元旦”，农历正月初一改称“春节”。

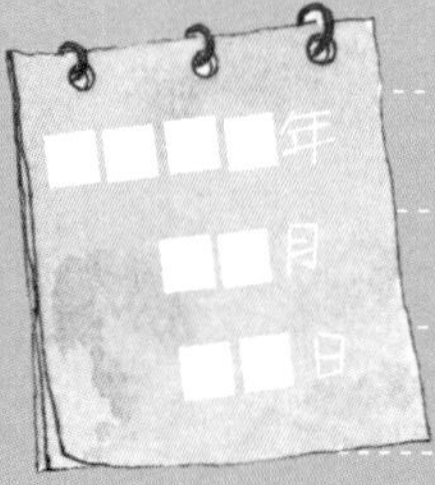

立春一日，百草回芽。

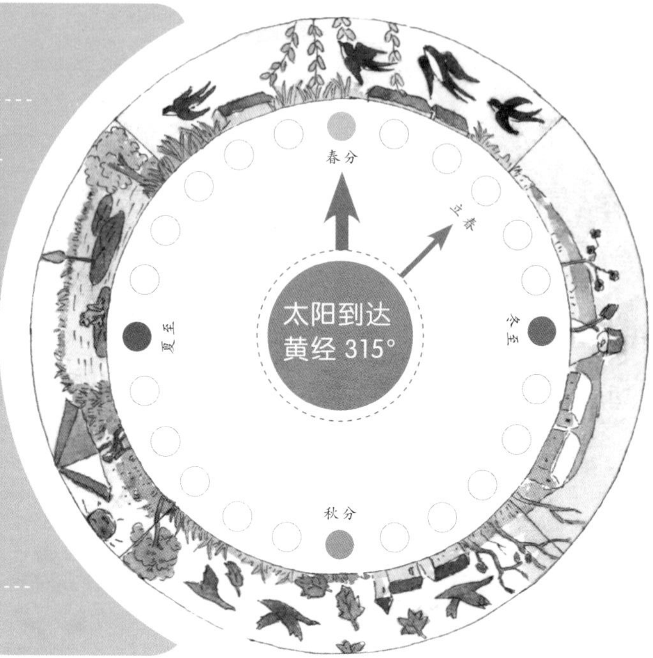

用画笔为温度计涂上刻度，记下立春这天的气温吧！

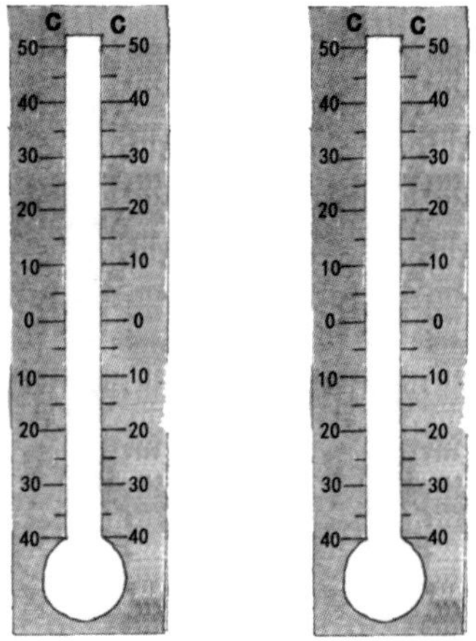

最高气温：______°C　最低气温：______°C

（一天中最高气温在下午的14～15时测量；最低气温在凌晨4～5时太阳升起前测量。）

东风解冻

井里的水冬暖夏凉，但是到了井口附近，水的温度基本与空气相同。寒冷的冬天，井口内侧及边沿洒落的水结成厚厚的冰，到了立春就开始渐渐融化。

元日

［宋］王安石

爆竹声中一岁除，
春风送暖入屠苏。
千门万户曈曈日，
总把新桃换旧符。

蛰虫始振

立春的暖意渗入土层，冬眠动物的洞穴不再像冬天那么寒冷，它们僵硬的身体渐渐变得柔软，时不时地会扭一扭，睡了一冬的它们快要苏醒了。

立春三候

一候，东风解冻

二候，蛰（zhé）虫始振

三候，鱼陟（zhì）负冰

迎春花开

立春到了，冬天僵硬冰冷的感觉还没有消散干净，但是春风已经最先吹醒了迎春花，它们俯在墙角悄悄地吐出了鹅黄色的花瓣。

迎春花喜欢光亮，不害怕阴冷寒湿，剪一根枝条插在泥土中，只要条件合适，就能生根，有极强的生命力。百花之中它开花最早，此后即迎来百花齐放的春天，所以它才被叫作迎春花。

鱼陟负冰

鱼儿在冰封的池塘里度过一整个冬天，简直要被憋坏了。当天气回暖，冰面开始解冻，鱼儿感受到春天的召唤，欢快地向上游，好像急着要把冰面顶破一样。

春节

农历的正月初一是“春节”，它是中国最隆重的传统节日。农历一年的最后一天称为“大年三十”，这一天是全家团圆的日子，家家户户忙着贴春联，挂红灯笼，包饺子，做年夜饭。孩子们穿新衣服，放鞭炮，给长辈们拜年，收压岁钱。过年的热闹气氛会持续好几天，全家人一起走亲访友，互赠礼物，表达新年的祝福。

挂灯笼

贴春联

1. 村长用“春鞭”先抽第一鞭，然后村民依辈分大小，依次鞭打春牛。
2. 将一头土牛打得稀巴烂后，围观的村民们一拥而上，争抢碎土。
3. 把土块扔进自家的田里，就是丰收的吉兆。

鞭春牛

新一年的耕种开始前，有个迎春的仪式，叫“鞭春牛”。相传古时少昊（hào）氏之子句（gōu）芒，在立春日率百姓翻土犁田，开始春耕播种，可是老牛却躲在牛栏内睡觉，不听指挥。情急之下，句芒想了个办法：用泥土塑成一头牛，叫人们用鞭子抽打土牛。鞭声呼呼作响，惊醒了老牛，吓得它急急爬起来，跑到田里干活去了。

从此以后，“鞭春牛”便成了立春日的仪式，象征一年春耕的开始，人们借此希望老牛多出力、多耕田，一年能有个好收成。

雨水

天气刚才还好好的，突然就下雨啦！放学的孩子都赶紧往家里跑，叔叔、伯伯们却不紧不慢地冒着细细春雨，继续在田里耕地、整地。

爷爷告诉牙牙：“人误地一时，地误人一年。春耕不及时，播种的作物就不能按时令正常生长，就结不出丰硕的果实。”

雨水

雨水，时间点在2月18～20日之间。雨水是反映降水现象的节气，代表冬季干燥少雨的天气已经结束。从雨水开始，天气已经暖和得无法形成雪花，下雨天逐渐增多，万物开始萌动。虽然雨水时节气温已经开始升高，但冷暖变化较大，容易引发身体不适，所以古人提倡“春捂”，也就是说在春天还是要多穿衣服呀！

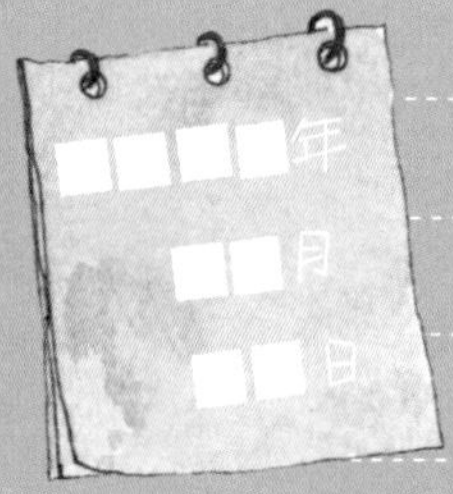

春雨贵如油。

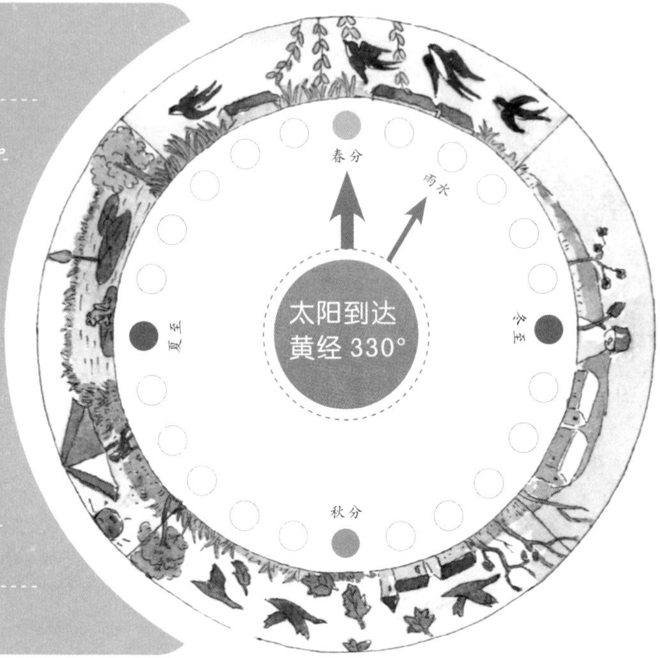

用画笔为温度计涂上刻度，记下雨水这天的气温吧！

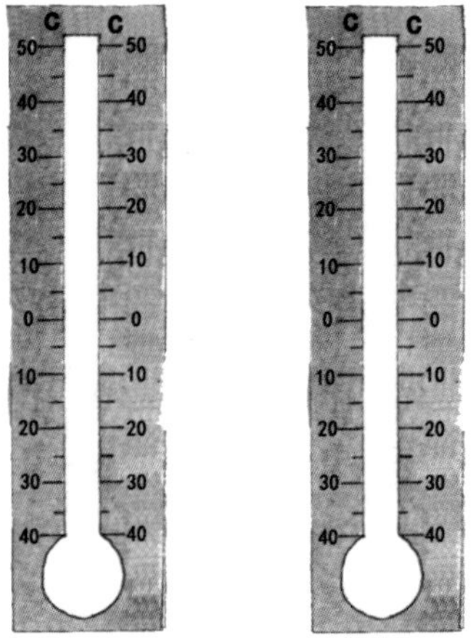

最高气温：______°C　最低气温：______°C

春雨

雨水节气，气温升到0℃以上，春姑娘带来了淅淅沥沥的雨水，大地湿漉漉的，享受着一年里的第一次沐浴。

春夜喜雨

[唐] 杜甫

好雨知时节，当春乃发生。
随风潜入夜，润物细无声。
野径云俱黑，江船火独明。
晓看红湿处，花重锦官城。

雨水三候

一候，獭（tǎ）祭鱼

二候，候雁北

三候，草木萌动

候雁北

成排的大雁从遥远的南方飞回北方，告诉人们，春天真的来了。

獭祭鱼

“七九河开”，池塘里的冰块彻底解冻，鱼儿终于可以畅快地跃出水面吐泡泡了。饿了一冬的水獭，高兴地盼到鱼儿出水吐气，乘势捕了填饱肚皮。

柳树发芽

池塘边的柳树在雨中发了芽，雨珠顺着枝条滚落，钻入泥土。地上的小草纷纷露出了头。

油菜花开

油菜适应性极强，全国各地都可种植。1 月到 7 月，油菜花从南到北次第开放。雨水节气时，云南罗平的油菜花已迎来盛花期，江西婺（wù）源的油菜花正蓄势待发，而在山东菏泽，油菜花要到惊蛰才陆续开放。油菜根据播种时间分为冬油菜和春油菜。我国以种植冬油菜为主，秋末播种，第二年春季开花。

田地撒肥

这个节气，农村开始呈现一片繁忙景象。“雨水春雨贵如油，顶凌耙（bà）耘防墒（shāng）流，多积肥料多打粮，精选良种夺丰收。”沉睡了一个冬天的小麦在雨水的滋润下开始返青，如果遇到干旱，就需要及时灌溉。农家肥被一车车拉出来撒到田里，借着春耕，融入土里成为作物成长需要的有机肥料，为春种做好准备。

元宵节

农历元宵节往往与雨水节气时间相近。白天，人们舞龙舞狮踩高跷（qiāo），晚上观灯赏月猜灯谜，全家团聚吃元宵。过了元宵节，才算真正过完年，新的一年开始了，新的学期也开始了。

踩高跷

舞狮

舞龙

惊蛰

一阵春雷响，沉睡了一冬的小动物从洞里钻了出来。牙牙想起爷爷的话，打雷的时候，不能站在高处和树底下，吓得赶紧往山下跑。

惊蛰

惊蛰，时间点在3月5～6日之间。蛰是藏的意思，惊即惊醒。“惊蛰”就是春雷的响声把藏起来冬眠的动物惊醒，是反映物候现象的节气。春雷是惊蛰节气中最有代表性的自然现象。古人在这一天以各种形式祭拜“雷公”，祈求“雷公”保佑平安。根据惊蛰这天的天气，还可以预测以后的天气，比如：“冷惊蛰，暖春分”“惊蛰刮北风，从头另过冬”。

年
月
日
惊蛰地门开，
冬眠动物
全出来。

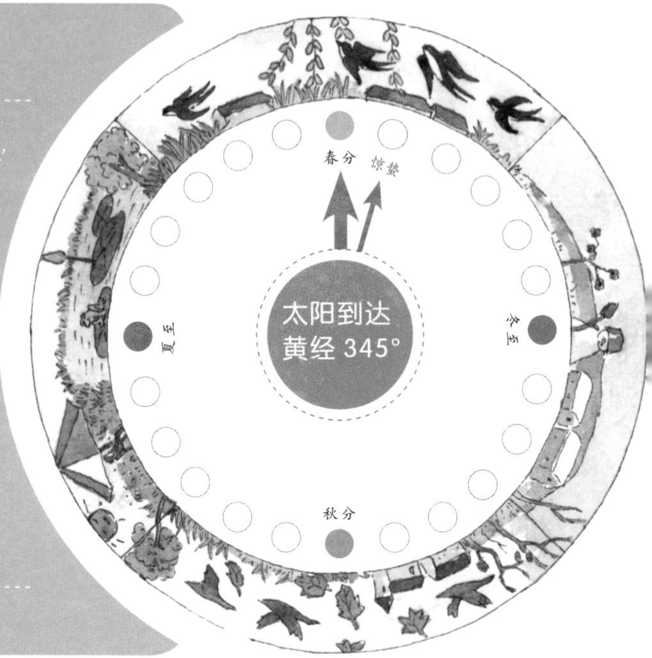

春分
惊蛰
夏至
冬至
秋分
太阳到达
黄经345°

用画笔为温度计涂上刻度，记下惊蛰这天的气温吧！

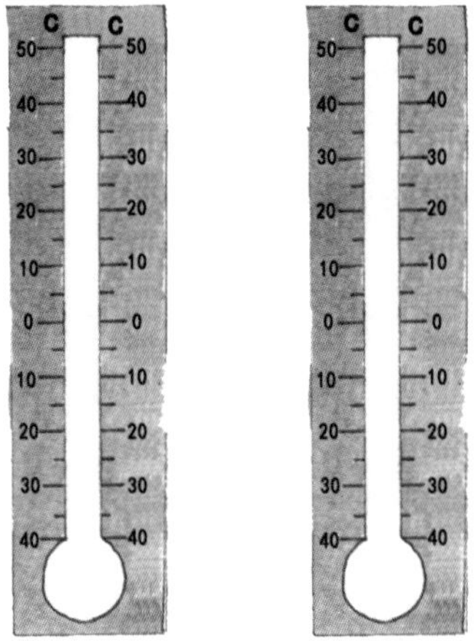

最高气温：______°C　最低气温：______°C

雷声起

“惊蛰至，雷声起。”冬去春来，大地的温度和湿度都逐渐升高，接近地面的暖湿空气上升，和冷空气交汇碰撞，就会形成雷电。雷电能起到消毒杀菌、净化空气的作用。

仲春遘(gòu)时雨

[晋] 陶渊明

仲春遘时雨，
始雷发东隅。
众蛰各潜骇，
草木纵横舒。

（节选）

惊蛰三候

一候，桃始华

二候，仓庚鸣

三候，鹰化为鸠（jiū）

桃花开

山桃花开了，漫山遍野如花海一般。山桃花开得早，它是先开花，后长叶。它的花梗很短或者几乎没有，看上去像贴着树干开的。除了山桃花以外，桃花还有很多种类，花瓣的颜色和数量也各不相同。人们常说的“桃红柳绿”，就是明媚春日里最惹人喜爱的景观。

山桃花

动物苏醒

春雷乍响，睡了一冬的动物苏醒了，它们从地底下爬出来，开始活动。古时候，人们以为冬眠的青蛙、蛇、蟾蜍、蚯蚓、熊和昆虫是被雷声惊醒才爬出洞穴，而实际情况是，到了惊蛰节气，气温回升很快，地下的温度开始升高，对温度敏感的冬眠动物本能地感受到了气温的升高，体温开始回升，新陈代谢逐渐正常，肚子饿了，要起来寻找食物了。这才是冬眠动物苏醒的真正原因。

黄鹂

黄鹂鸣

村里田间到处是黄鹂鸟和斑鸠的歌声，原本活跃的鹰躲起来繁殖后代，反而不太能见到了。

珠颈斑鸠

耙地松土

古语说，“九尽杨花开，农活儿一齐来”，“惊蛰不耙地，好像蒸馍跑了气”，“春日农家闲不住，赶马牵牛耕作忙”。早春土壤水分比较充足，土地尚未完全解冻。春播地经过漫长冬季的风化作用，地表结上了一薄层硬皮，蒸发水分的土壤毛细管较多，早春耙地不仅可以切断毛细管，还能形成一薄层细碎的干土覆盖于地表，减少水分的蒸发。

所以哪怕春雷阵阵，村里人仍然忙着施肥、犁地、耙地、清理沟渠，保证春播的顺利进行。

施肥

犁地

耙地

清理沟渠

二月二 龙抬头

惊蛰节气里会遇上农历节日“二月二”，人们认为这天是主管云雨的龙抬头的日子。北方流行在这一天理发，叫“剃龙头”。

惊蛰吃梨

惊蛰，乍暖还寒，气候比较干燥，很容易使人口干舌燥，引起咳嗽。有些地方有惊蛰吃梨的习俗，吃梨可以止咳化痰，滋润肺部，缓解天气引起的不适。

春分

吃过早饭，牙牙拉着爸爸去田野里挖野菜。在飘着柳絮的大树下，他们玩起了“竖蛋”的游戏。

到了晚上，爸爸指着夜空对牙牙说：“你看，节气的变化，还可以从天上的北斗星观察出来。春分这一天，北斗星的斗柄是指向正东方向的，往后依次变化，夏至朝南，秋分朝西，冬至朝北。”

春分

春分，时间点在3月20～21日之间，到了春分就代表春季已经过完了一半。这一天，太阳直射在赤道上，所以南北半球的白天和夜晚时间一样长。过了这一天，北半球的白天会越来越长，夜晚会越来越短。因此，就有了“春分秋分，昼夜平分”“吃了春分饭，一天长一线”的说法。

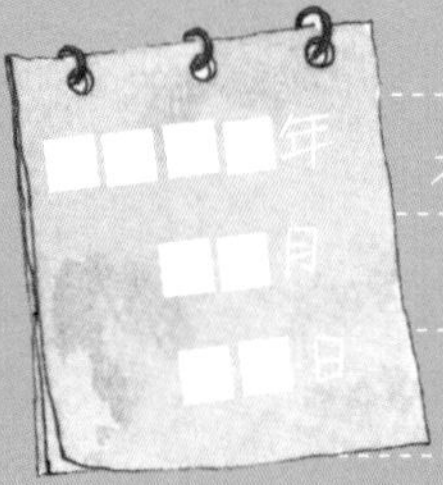
年
月
日

不过春分不暖。

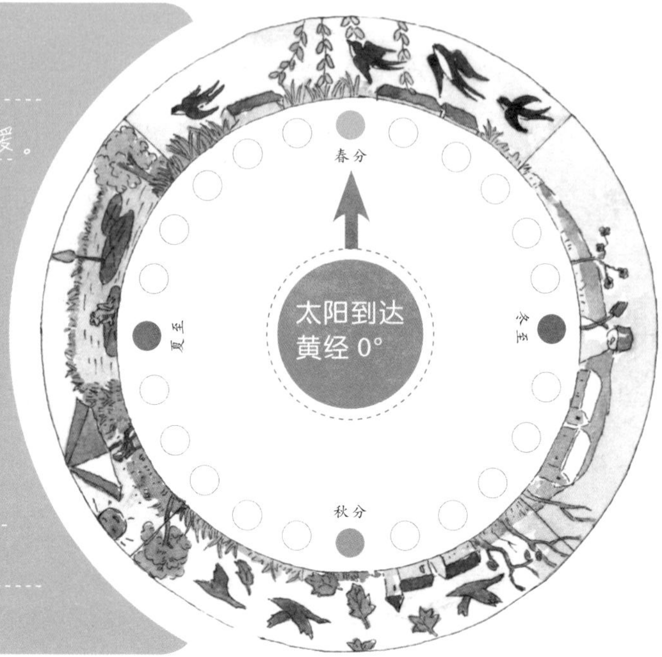
春分
夏至
冬至
秋分
太阳到达黄经0°

用画笔为温度计涂上刻度，记下春分这天的气温吧！

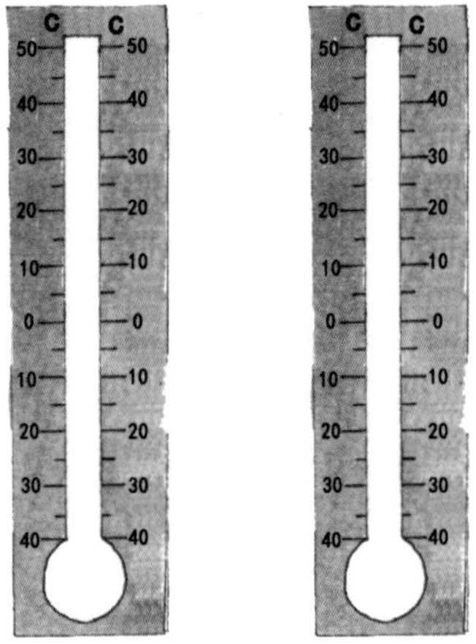

最高气温：______°C　最低气温：______°C

天象

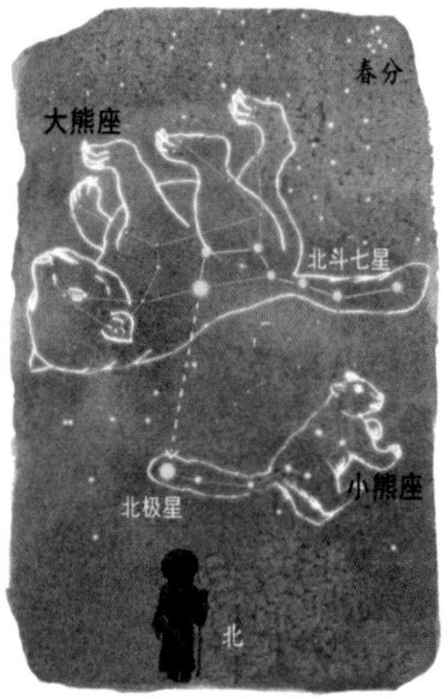
春分
大熊座
北斗七星
北极星
小熊座
北

古时候，人们会根据北斗七星在天空中的位置变化来辨方向、定季节。春季的夜晚，如果你在九十点钟观察星空，会发现北斗七星的斗柄指向东方。

咏柳

[唐] 贺知章

碧玉妆成一树高，
万条垂下绿丝绦。
不知细叶谁裁出，
二月春风似剪刀。

海棠花开

春分到，海棠花开得热热闹闹。海棠树最高可以长到 8 米，小枝粗壮，幼时有短柔毛，成长过程中逐渐脱落，成熟时树枝呈现老褐色或紫褐色，无毛。海棠花朵主要有红、白两种，色泽艳丽。

春分三候

一候，玄鸟至

二候，雷乃发声

三候，始电

燕归来

天气变暖，去年往南方过冬的燕子又飞回北方，在曾经住过的屋檐下呢呢喃喃，飞来飞去忙着修补燕巢。

春 耕

“九九加一九，耕牛遍地走。”田里人们继续忙着春耕，小麦已经开始拔尖了。

放风筝

春风和畅，草长莺飞，此时正是放风筝的好时候。小伙伴们牵着风筝迎着风跑，风筝高高升起，不时与空中的燕子相遇。风筝又叫纸鸢，它起源于古代中国，至今已有 2000 多年的历史。制作风筝时，先用细竹扎成骨架，再糊上纸或绢，系上长线。放风筝时则要根据风的方向、大小和速度来随时调整，才能让风筝越飞越高。

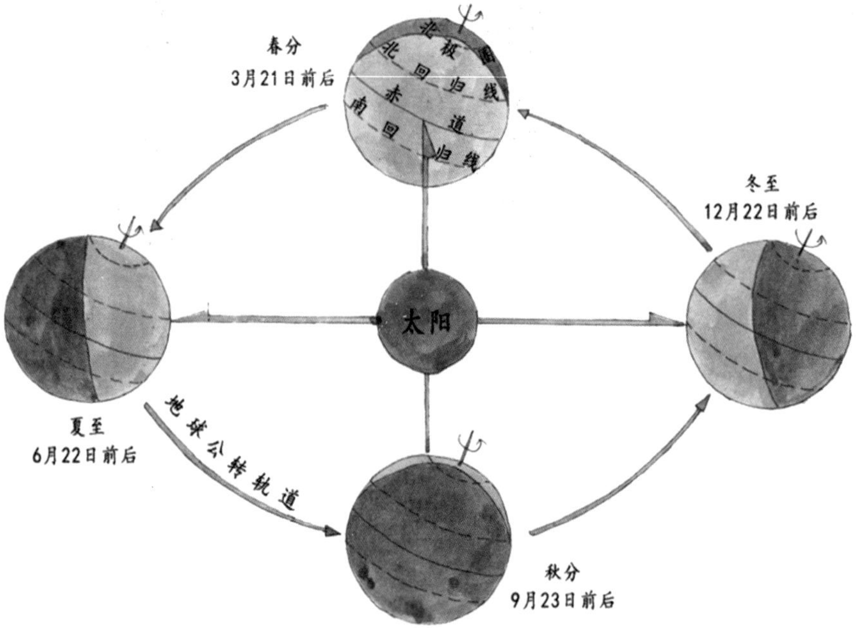

竖蛋游戏

“春分到，蛋儿俏。”春分这一天，好多人喜欢玩“竖蛋”的游戏。为什么在春分这一天玩竖蛋游戏？有人说，因为春分日太阳直射赤道，南北半球的太阳引力相对均衡，所以更容易把鸡蛋竖立起来。但也有人认为这种说法不科学，“春分竖蛋”只是流传下来的一个习俗，竖蛋每天都可以玩，靠的是技巧、细心和耐心。

其实，用放大镜观察你会发现，蛋壳表面有很多细小的凸起，三个小凸起接触到平面就能构成一个支撑整个鸡蛋的“三脚架”，当鸡蛋重心落在这个“三脚架”里时，鸡蛋就能竖起来啦！

小窍门：选择刚生下 4~5 天、表面光滑匀称的鸡蛋；让鸡蛋大头朝下，轻轻放在桌面上，静下心来，集中注意力，选好支点再慢慢松手。一次不成功不要急，耐心多试几次！

清明

清明节到了，村里人三三两两结伴到亲人的墓地前祭扫。

爸爸告诉牙牙，清明祭祖扫墓的风俗由来已久。入春以后草木萌生，先人的坟墓有可能在雨季来临时出现塌陷，或者因山里的小动物打洞受损，所以人们在祭扫时给坟墓铲除杂草，添加新土，供上祭品，举行简单的祭祀仪式，以此表示对祖先的怀念。

清明

清明，时间点在4月4～6日之间，是反映物候现象的节气。清明有天清地明的意思，这个节气开始，天气清澈明朗，阳光明媚，百鸟啼鸣，柳绿桃红，树木开始繁茂生长，整个大地的生物都活跃起来了。清明不仅是节气，也是中国人祭祀祖先、缅怀先人的传统节日。

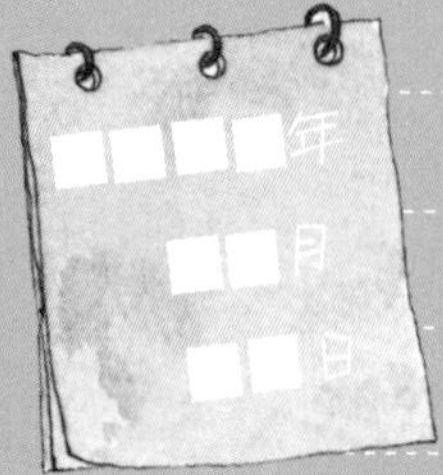

清明雨纷纷，植树又造林。

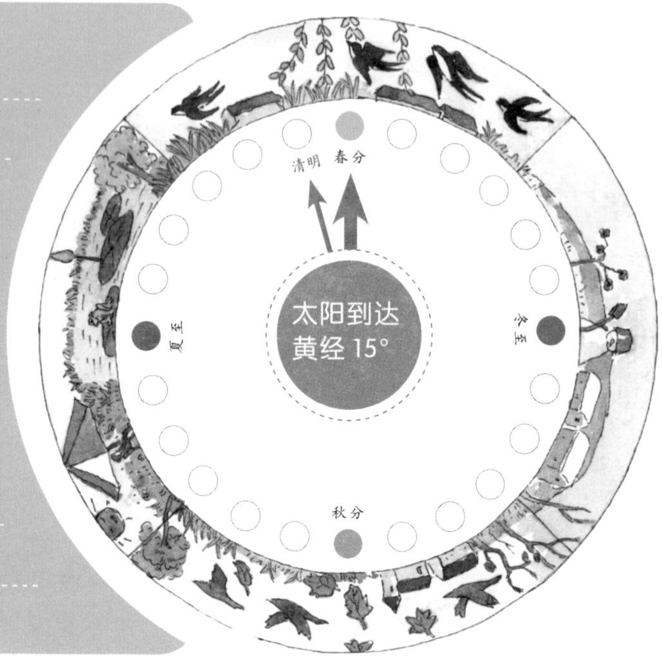

用画笔为温度计涂上刻度，记下清明这天的气温吧！

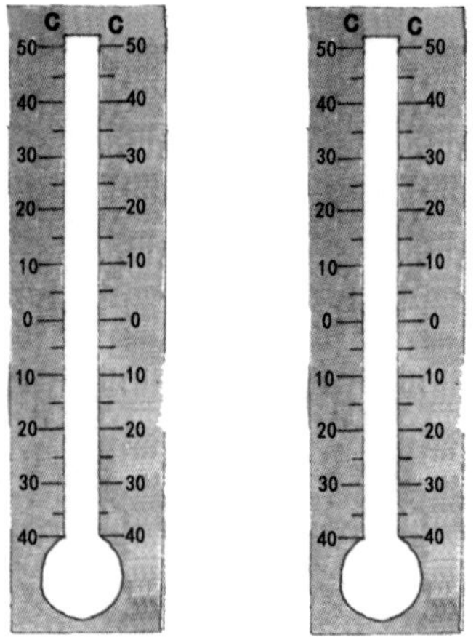

最高气温：______℃　最低气温：______℃

虹始见

清明时节，雨水逐渐增多，雨滴也变大了。太阳光照在雨滴上，就像通过一面三棱镜，分散出不同的颜色，形成美丽的七色彩虹。

晚春

［唐］韩愈

草木知春不久归，

百般红紫斗芳菲。

杨花榆荚无才思，

惟解漫天作雪飞。

田鼠

田鼠化为鴽

习惯了阴暗洞穴环境的田鼠，也禁不住清明暖意的诱惑，试着爬出洞穴寻找食物，但刺眼的阳光让它们感觉不太舒服，又纷纷回到地下的洞里躲起来；喜爱灿烂阳光的小鸟，反而从洞里爬出，古人就误以为，进入洞里的田鼠出洞后都变成了小鸟。

清明三候

一候，桐始华

二候，田鼠化为鴽（rú）

三候，虹始见

桐花开

“桐花开，清明到。”桐花一开，春意阑珊，此时繁盛的春景即将逝去，因此古诗词中常借桐花凋落表达一种伤春的情绪。

“桐”在过去可指几种树木，油桐是其中一种，油桐花花期很短，盛放时白花簇簇，花落如飘雪一般，煞是好看。“桐”也可指泡（pāo）桐。清明一到，一串串或白或紫、形似喇叭的花朵开满枝头，芳香四溢，沁人心脾。

油桐花

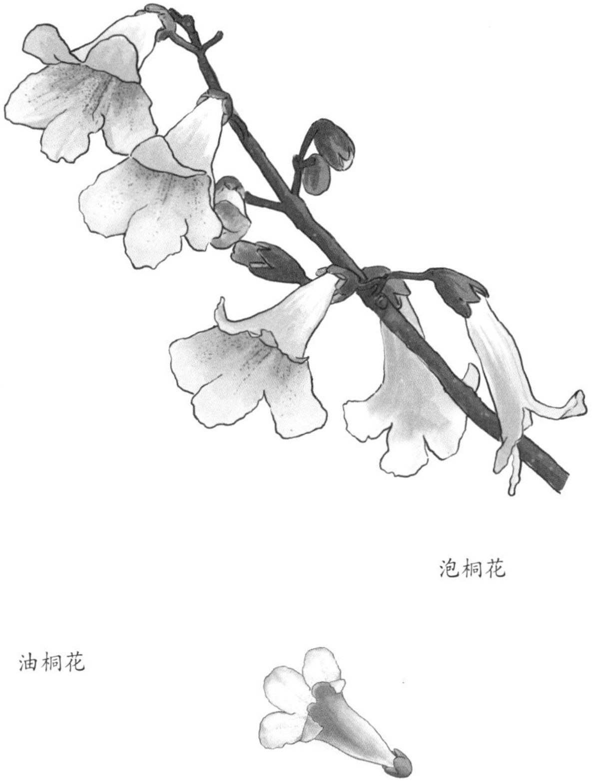

泡桐花

踏青

远足踏青、亲近自然也是清明节的习俗。这时，天气回暖，到处生机勃勃，踏青的人们结伴而行，赏花游玩，小朋友们荡秋千、玩玻璃珠，开心极了。

寒食节

“清明时节雨纷纷，路上行人欲断魂。借问酒家何处有？牧童遥指杏花村。”清明节作为我国最重要的祭祀节日之一，距今已有2500多年的历史。

清明节前一两日为寒食节，是为了纪念春秋时期晋国的介子推而设立的。相传介子推与晋文公重耳流亡列国，割大腿肉供文公充饥。文公复国后，子推不求利禄，与母亲归隐绵山。文公焚山逼迫，子推却坚决不出山，和他的母亲一起抱树而死。文公把他葬在绵山，修祠立庙，并下令在子推亡故这天禁火，只吃冷食，后相沿成俗。中国过去的春祭都在寒食节，直到后来改为清明节。到了清明节，全家人带着水果和点心，一起上山去给去世的亲人扫墓，插一根杨柳，以寄哀思。

谷雨

谷雨时节，家家户户都在田里忙着播种、移栽菜苗和地瓜苗。牙牙帮着大人们给刚刚播种的棉花盖“塑料被子”，爷爷说，棉花种子盖上被子就能快快发芽。

“谷雨过三天，园里看牡丹。”此时正是欣赏牡丹花的最好时节，公园里牡丹、芍药争奇斗艳，看花的人络绎不绝。

谷雨

谷雨，时间点在4月19～21日之间，处于暮春时期。谷雨来自“雨生百谷”的说法。这个时节，寒潮天气基本结束，气温回升加快，降水持续增加，为谷物带来勃勃生机。此时也是播种移苗、种瓜点豆的最佳时节。春江水暖，鱼虾开始在浅海区活动，在中国沿海一带，渔民在谷雨这天有祭海的习俗，因此谷雨又被渔民们称为“壮行节”。

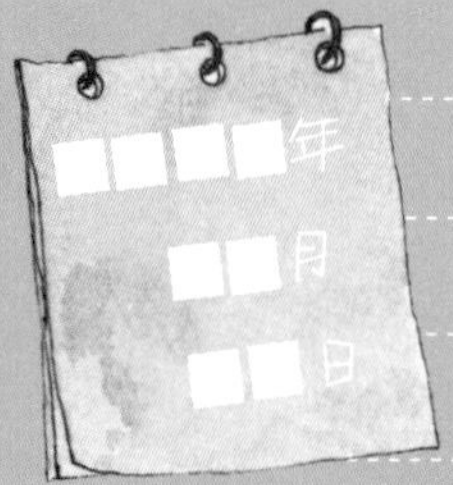

谷雨前后，种瓜点豆。

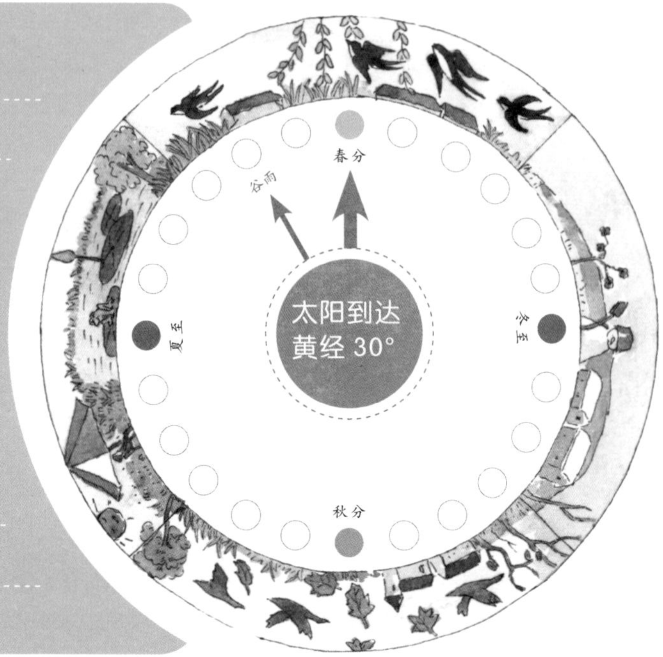

用画笔为温度计涂上刻度，记下谷雨这天的气温吧！

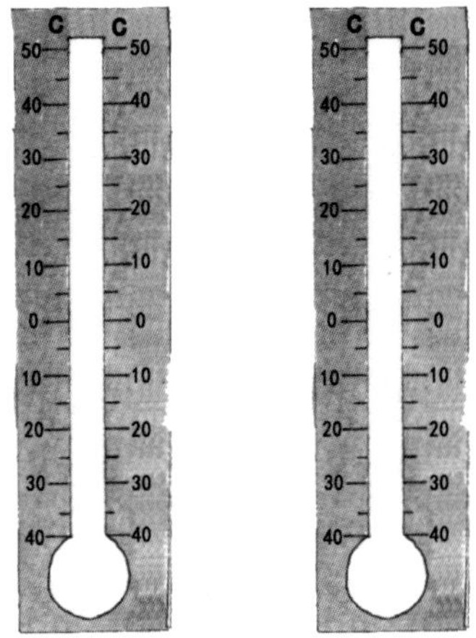

最高气温：______°C　最低气温：______°C

雨生百谷

谷雨是春季的最后一个节气，气候温暖、多雨潮湿是这个节气的显著特征，很少忽冷忽热。这时候的雨水大大有利于农作物生长。

春晓

[唐] 孟浩然

春眠不觉晓，
处处闻啼鸟。
夜来风雨声，
花落知多少。

牡丹花开

谷雨时节牡丹花开，因此，牡丹也被称为“谷雨花”。

牡丹花原产于中国，人工栽培1500多年。牡丹花大色艳，品种繁多，花瓣层层叠叠，雍容华贵，所以被国人拥戴为“花中之王，国色天香”。

谷雨三候

一候，萍始生

二候，鸣鸠拂其羽

三候，戴胜降于桑

萍始生

池塘里的浮萍喜欢温热潮湿的气候，因为谷雨时节降雨增多，水温升高，所以一晚上能冒出许许多多，如明代医学家李时珍所说：“一叶经宿即生数叶。”

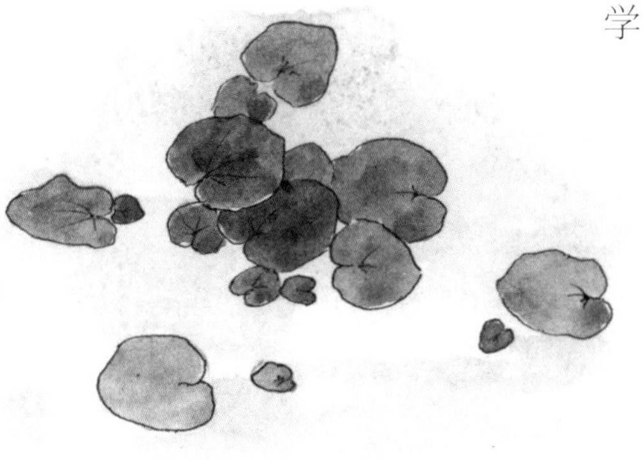

摘香椿（chūn）

香椿芽

香椿也叫香椿芽，是香椿树的嫩枝叶，从汉代起人们就开始摘香椿食用，并形象地称它为“树上蔬菜”。

香椿叶厚芽嫩，有特殊香气，容易辨识。在谷雨时节，人们从香椿树上采下嫩叶，洗净后做饺子、包子，做凉拌小菜等菜肴，营养丰富。香椿还有很高的药用价值。

种瓜点豆

谷雨时节，最适合播种农作物。农民们忙着种植玉米、黄豆、土豆、花生，移栽茄子、地瓜，还为刚播种的棉花种子铺上塑料膜，提高土壤的温度，促进种子萌发。

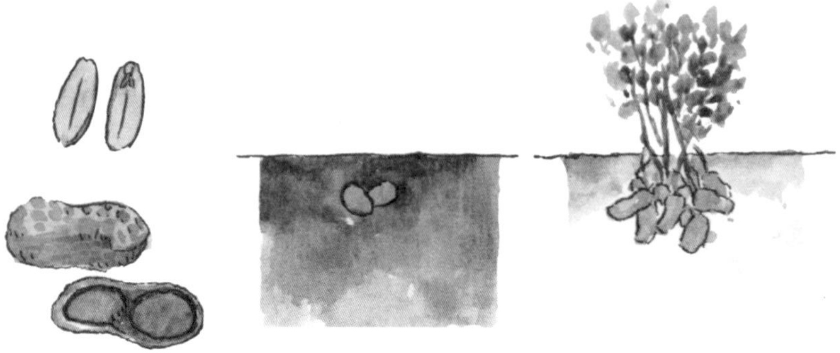

花生生长过程

马铃薯生长过程

1. 刚从卵中孵出来的蚕宝宝黑黑的像蚂蚁，我们称它为蚁蚕

2. 将蚁蚕放入铺满嫩桑叶的扁筐中喂养

3. 经过4次蜕皮后，蚕宝宝变为熟蚕

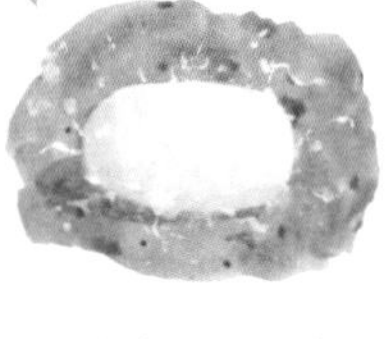

4. 把熟蚕放在特制的容器中或蔟器上，蚕便开始吐丝结茧，过4天左右变成蛹

5. 蛹经过10多天的发育，羽化成蚕蛾

春蚕

桑树枝繁叶茂，肥肥胖胖的春蚕整天嚼着嫩嫩的桑叶，一刻不停。

提示：如果按色子掷出的步数刚好走到 4，则可以直接通过图中的“小桥”到达 9

飞行棋

游戏规则：通过猜拳或者掷色子，根据猜拳的输赢或色子的点数走相应的步数，走到哪个图案就要说出哪个图案的名称，回答不出则退回到上一步。率先走到终点的玩家获胜。

春雨惊春清谷天，
夏满芒夏暑相连，
秋处露秋寒霜降，
冬雪雪冬小大寒。

听牙牙讲节气故事
与作者交流答疑解惑
二十四节气自然学院等你来

可爱的中国

第一部原创
中国地理
科学绘本

这就是二十四节气·夏

高春香 邵敏 / 文 许明振 李婧 / 绘

海豚出版社
DOLPHIN BOOKS
CICG 中国国际传播集团

新世界出版社
NEW WORLD PRESS

图书在版编目（CIP）数据

这就是二十四节气．夏 / 高春香，邵敏文；许明振，
李婧绘．-- 2版．-- 北京：海豚出版社，2019.9（2023.12 重印）
ISBN 978-7-5110-4759-5
Ⅰ．①这… Ⅱ．①高… ②邵… ③许… ④李… Ⅲ．
①二十四节气－儿童读物 Ⅳ．① P462-49
中国版本图书馆 CIP 数据核字 (2019) 第 171073 号

致 谢

本书在出版过程中，得到以下专家学者的悉心指导审阅，谨向各位致以诚挚的谢意：
刘凤，上海辰山植物园工程师；曾刚，中国科学院植物研究所博士；
同小娟，北京林业大学气象学博士；李晓燕，中国科学院心理研究所超常儿童研究中心。

这就是二十四节气·夏

策划：张忍顺 齐德利
高春香 邵敏 / 文 许明振 李婧 / 绘

出版人：王磊
策划编辑：吕晖 王然 特约编辑：吴蓓 责任编辑：王然 美术设计：丁卉 责任印制：于浩杰 蔡丽
法律顾问：殷斌律师
出版：海豚出版社
地址：北京市西城区百万庄大街 24 号 邮编：100037
电话：010-68325006（销售）010-68996147（总编室） 传真：010-68996147
印刷：天宇万达印刷有限公司
经销：全国新华书店及各大网络书店
开本：16 开（889mm × 1194mm） 印张：11 字数：100 千
版次：2015 年 9 月第 1 版 2019 年 9 月第 2 版 2023 年 12 月第 25 次印刷 印数：1007621 ～ 1035120
标准书号：ISBN 978-7-5110-4759-5
定价：150.00 元

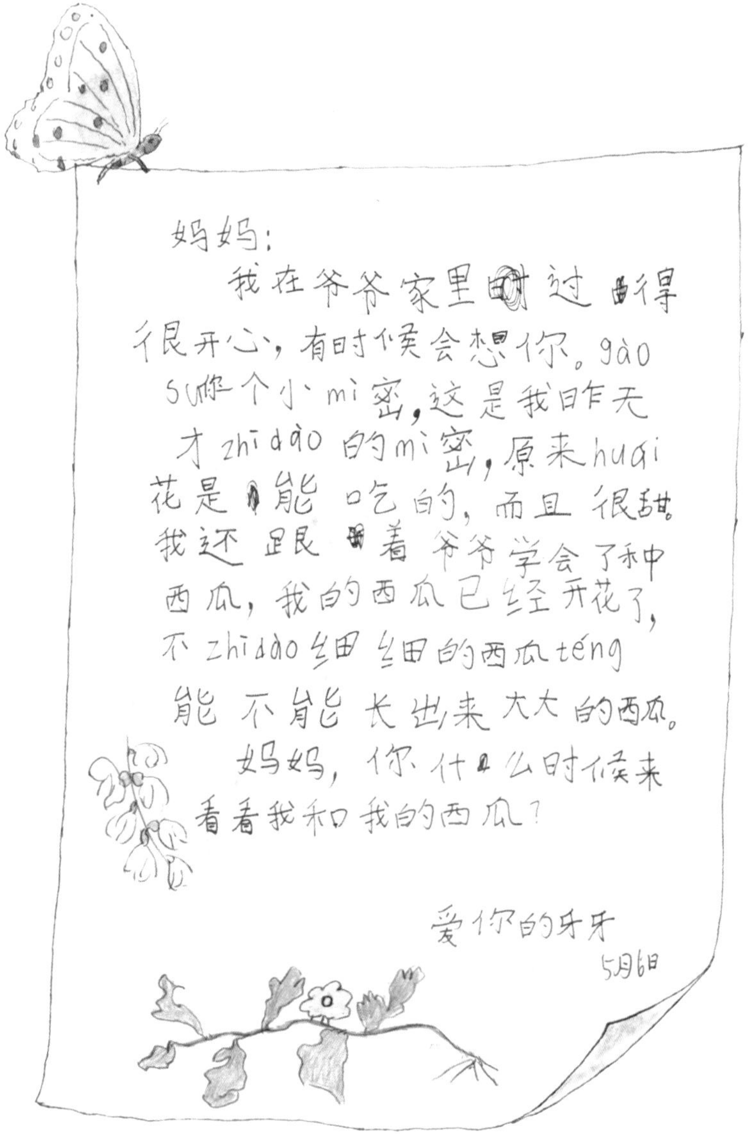

妈妈：

我在爷爷家里过得很开心，有时候会想你。gào su你个小mi密，这是我昨天才zhīdào的mi密，原来huái花是能吃的，而且很甜。我还跟着爷爷学会了种西瓜，我的西瓜已经开花了，不zhīdào细细的西瓜téng能不能长出来大大的西瓜。

妈妈，你什么时候来看看我和我的西瓜？

爱你的牙牙

5月6日

把西瓜子用布袋装好，放在水里浸泡一天；然后拿出来放在温暖的灶台上，灶台上的热量会帮助西瓜子快点发芽。

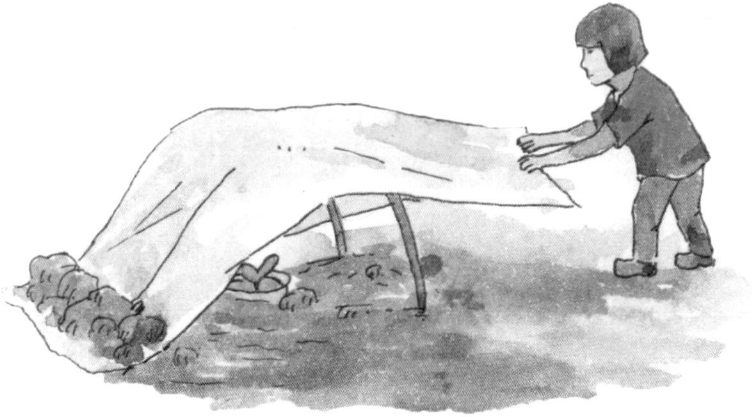

西瓜苗栽到土里，再盖上薄膜，这样既能保证土壤里的水分不被完全蒸发，又能留住温暖的空气。

瓜地里大大小小结满了西瓜。敲一敲，找一找，哪个西瓜可以摘了？

立夏

爷爷说：“多插立夏秧，谷子收满仓。”南方已经开始插秧了，但是北方还要晚上几天。春天种下的庄稼一天天长大，村里人都在忙着为它们除草、施肥、灌溉。

水渠里满满的，水里藏着好多青蛙。听说青蛙最爱吃害虫，牙牙特意抓了几只，放进爷爷家的麦田里。

立夏

立夏，时间点在5月5～6日之间。立夏与立春、立秋、立冬合称“四立”，都是标志季节开始的节气。

立夏时节，植物繁茂，农作物生长旺盛，农民也进入大忙时期。立夏以后，天亮得早了，人们有晚睡早起的习惯，所以中午最好适当午睡来补充睡眠，平常还要多运动锻炼身体。有些地区有“立夏称人”的习俗，据说这一天称了体重后，就不怕因夏季炎热而消瘦了。

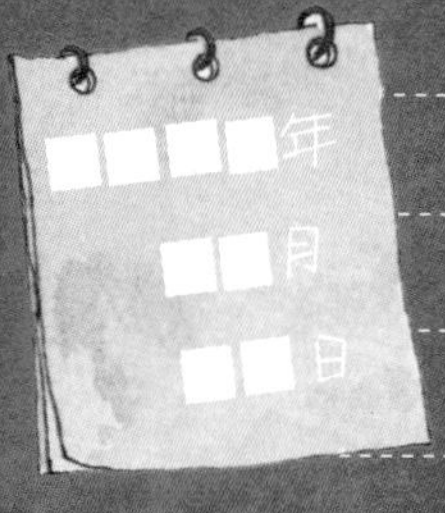

立夏不热，
五谷不结。

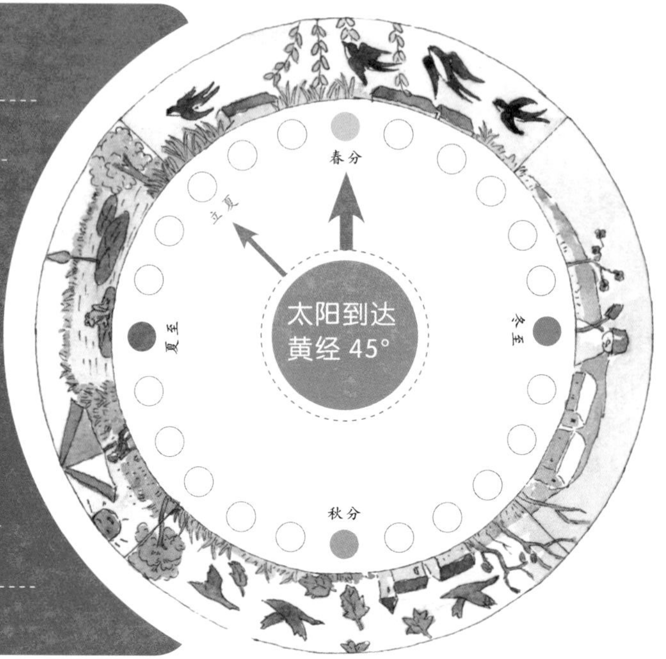

用画笔为温度计涂上刻度，记下立夏这天的气温吧！

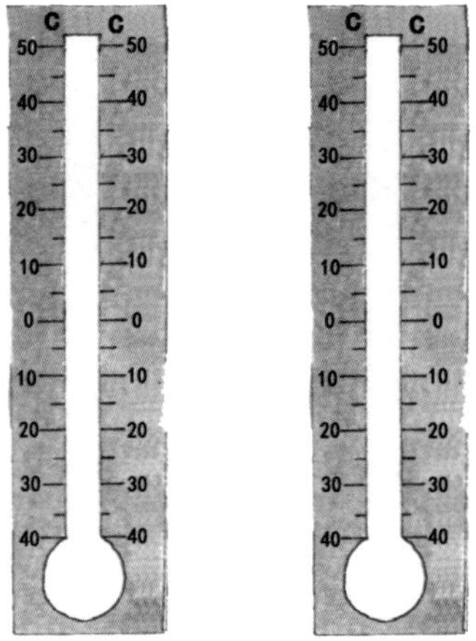

最高气温：______°C　最低气温：______°C

雨季来临

立夏时节，天气渐热，雷雨增多，动植物都开始迅速生长。我国江南地区进入雨季，多阴雨连绵天气。

山亭夏日

[唐] 高骈

绿树阴浓夏日长，
楼台倒影入池塘。
水晶帘动微风起，
满架蔷薇一院香。

立夏三候

一候，蝼蝈鸣
二候，蚯蚓出
三候，王瓜生

蚯蚓出

蚯蚓喜欢生活在潮湿、疏松的泥土中，下雨时雨水灌入泥土，土里的空气被挤了出去，蚯蚓就会感到呼吸困难，纷纷爬到地面上来，所以雨后经常能见到许多蚯蚓。

蛙儿鸣

雷雨天气越来越多，喜欢湿润凉爽环境的小飞虫们开始大量繁殖。它们正巧成了青蛙的美食，饱餐后的青蛙快乐地“呱呱”叫个不停。青蛙是庄稼地里的捉虫能手，是当之无愧的“农田卫士”。

芍药花开

芍药花有很多种，它在五月开放，被人们亲切地称为“五月花神”，还有“花仙”“花相”等美称。芍药的花瓣层层叠叠，最多可达上百枚。它和“花中之王”牡丹长得很像，因此常常被弄混，其实，它们是有很大区别的。芍药是草本花卉，牡丹是木本花卉，另外牡丹开花通常会比芍药早上十几天。

喷洒农药

果树上会出现很多爱吃果子的蚜虫，尽管它们和其他生物一样有生存的权利，但农民伯伯为了让果树多留下果子，还是会喷一些药剂来驱赶它们。

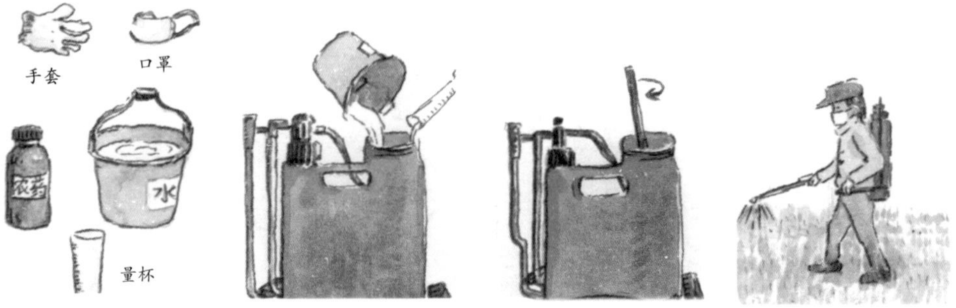

1. 准备材料　2. 按比例将农药和水倒入药箱　3. 搅拌均匀　4. 喷洒

立夏挂蛋

民间立夏有吃蛋、挂蛋的习俗。相传从立夏这一天起，天气晴暖并渐渐炎热起来，许多人特别是小孩子会有身体疲劳、四肢无力的感觉，食欲减退，逐渐消瘦。人们向女娲娘娘求助，女娲娘娘告诉百姓，每年立夏这天，小孩子的胸前挂上煮熟的鸡鸭鹅蛋，就可以免除病灾。因此，这个习俗一直延续到现在。人们将煮好的“立夏蛋”放入用彩线编织的蛋套中，挂在孩子胸前；孩子们则最爱玩斗蛋的游戏，两人各拿一个鸡蛋，以蛋尖为头，头击头，尾撞尾，蛋壳坚而不碎的获胜。

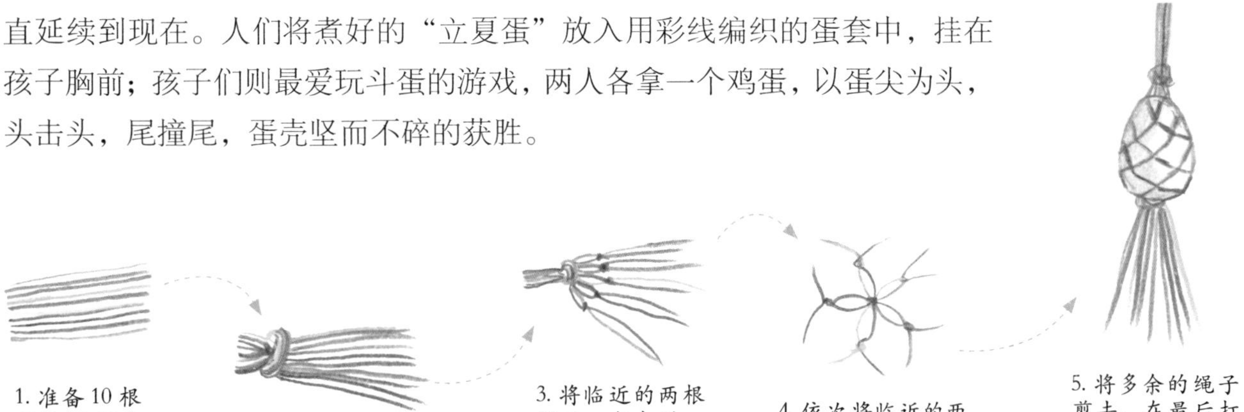

1. 准备10根长约30厘米的彩绳　2. 将10根彩绳绑起　3. 将临近的两根绳子一起打结，分为5组　4. 依次将临近的两根绳子打结，直至能放下鸡蛋　5. 将多余的绳子剪去，在最后打结处穿上挂绳即可

作物出苗

立夏时节，谷雨时种下的玉米、豆子、棉花等作物都已经出苗。冬小麦的籽粒逐渐饱满（灌浆），需要及时浇水、锄草。

傍晚，大人们一边在田里干农活，一边讨论着小满时节长势很好的庄稼。大家都不着急回家吃饭。牙牙和小伙伴们在田边玩起了捉迷藏。绿油油的麦田可真是个藏身的好地方！哥哥急得爬上树，四下里张望半天也没找到牙牙。

小满

小满，时间点在5月20～22日之间。在北方，“满”是指谷物籽粒饱满，“小满”就是说谷物的籽粒已经开始饱满，但还没有成熟。在南方，“满”被用来形容雨水的充沛程度。

从小满到下一个节气芒种期间，是最适合农作物生长的时期，也是很多动物的生长繁育期，蚕农们辛苦养大的蚕儿开始吐丝结茧了。

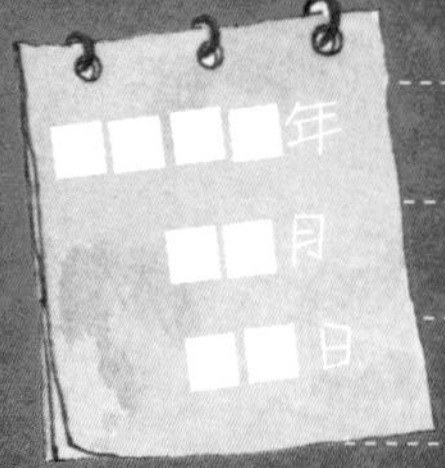

小满小满，

麦粒渐满。

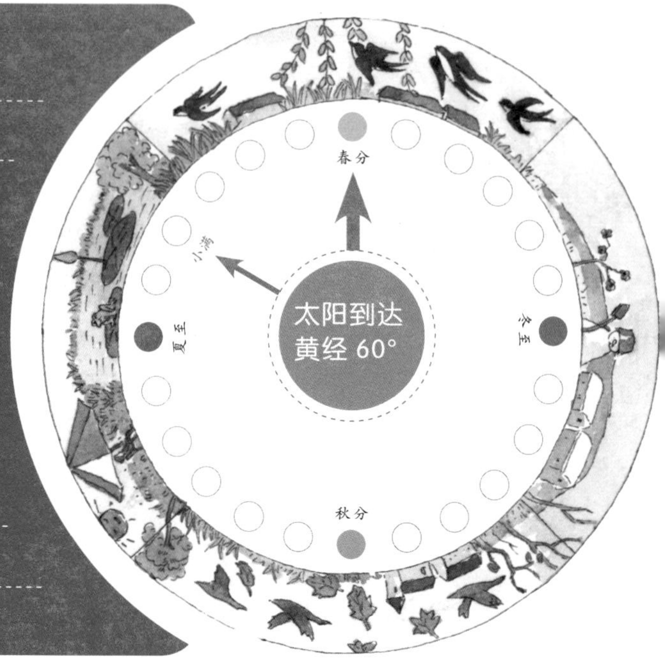

◆ 用画笔为温度计涂上刻度，记下小满这天的气温吧！

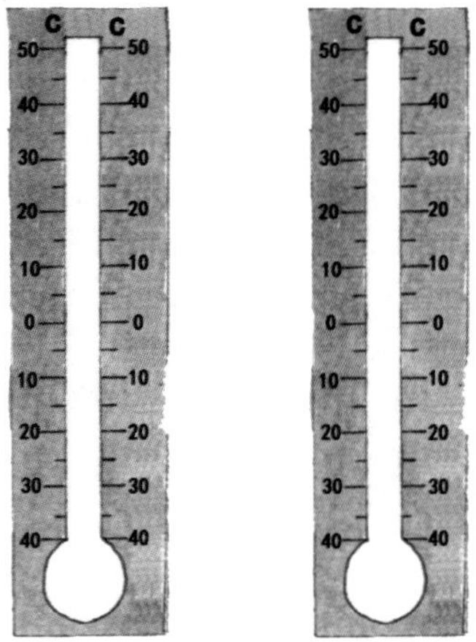

最高气温：______℃　最低气温：______℃

干热风

小满时节，天气渐渐炎热，南北温差进一步缩小，空气湿度低，有些地区容易形成“干热风”。干热风也叫“干旱风”“火风”，它会对小麦等农作物的生长造成危害，需要及早预防。

小池

[宋] 杨万里

泉眼无声惜细流，

树阴照水爱晴柔。

小荷才露尖尖角，

早有蜻蜓立上头。

小满三候

一候，苦菜秀

二候，靡草死

三候，麦秋至

蜻蜓起舞

“小荷才露尖尖角，早有蜻蜓立上头。”荷叶挺出水面，立起尖尖的一角，引来翩翩飞舞的蜻蜓，不时停落在上面。天气渐热，雨水增多，荷花含苞待放；圆圆的荷叶底下，鱼儿在自由地嬉戏。

苦菜花开

苦菜是一种常见的野菜，把嫩嫩的苦菜挖来洗净，用水焯后可以做凉菜吃。苦菜花呈白色或明亮的淡黄色，它的叶子是苦的，但根是甜的。苦菜的根茎还可以入药，有清热解毒的功效。

苦菜

吐丝结茧

经过蚕农的精心喂养，胖嘟嘟的蚕宝宝们终于长大成熟了，一个个静静地躲在角落里，开始吐丝结茧。蚕结茧后 4 天左右就会化蛹，蚕蛹的体形像一个纺锤，再经过十几天的变化，就变成蚕蛾了。

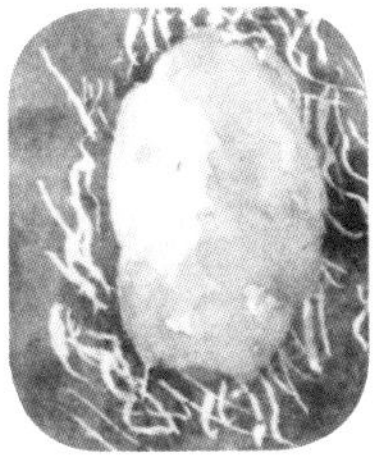

蚕茧

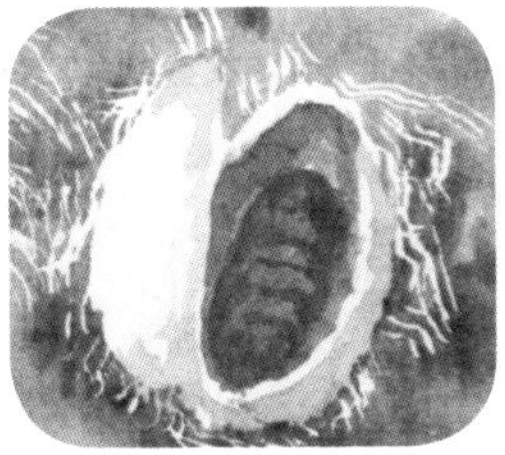

蛹

挖野菜

人参菜、刺儿菜、灰菜、扫帚菜、野韭菜等野菜都长出了嫩苗，现在，野菜已经成为人们餐桌上很受欢迎的一种健康菜。山坡上、田地里到处可见提着篮子挖野菜的人。

苦菜

刺儿菜

人参菜

麦芒尖尖

小满到，麦芒尖尖，麦子快成熟了。俗语说“小满不满，麦有一险”，这时候小麦的籽粒刚开始饱满，很容易受到干热风的侵害，导致小麦灌浆不足、粒籽干瘪而减产。因此农民们都在抓紧时间给麦田浇水灌溉，同时采取一些有效的防风措施，还要及时给麦子喷药，使麦子免受病虫害的侵袭，保证麦子丰收。

芒种

收麦子啦！大人们在田里一刻不停地忙着，想赶在下雨前把金黄色的麦子全收割完。小孩儿也被分配了任务，到大人割过一遍的麦地里捡麦穗儿。牙牙和小伙伴们比赛着谁捡得又多又快，每次捡到一棵金灿灿的麦穗儿，就像发现了宝藏一样。

芒种

芒种，时间点在6月5～7日之间。“芒种”是指大麦、小麦等有芒的作物成熟了，而谷黍类夏播作物可以播种了，忙收又忙种，农民进入一年中最忙的时期。

芒种一到，春天绽放的花朵已经凋谢，荫浓叶厚的盛夏即将来临。民间旧时有“送花神”的习俗，举行祭祀仪式以表达对花神的感激之情，盼望来年再次相会。此时天气开始变得炎热，要注意防暑降温。

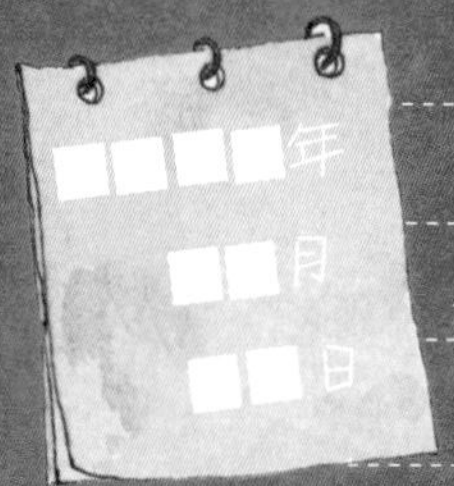

年
月
日

芒种麦登场，
秋耕紧跟上。

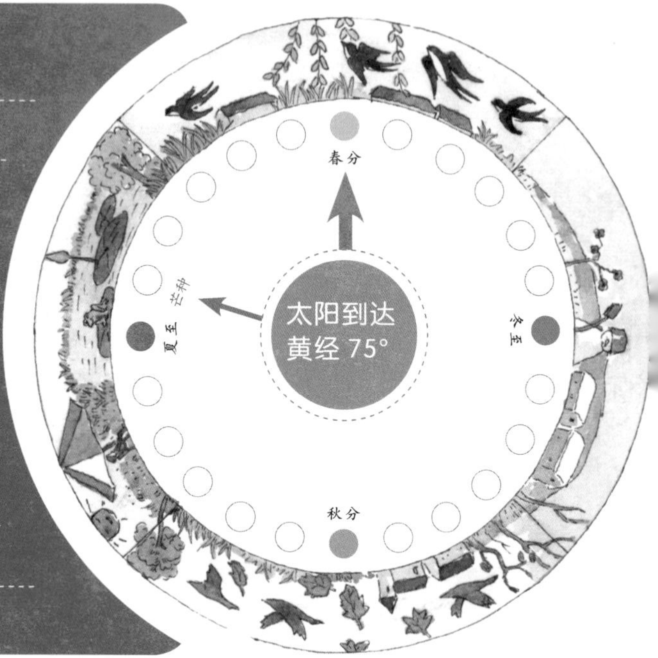

春分
芒种
夏至
冬至
秋分
太阳到达
黄经 75°

用画笔为温度计涂上刻度，记下芒种这天的气温吧！

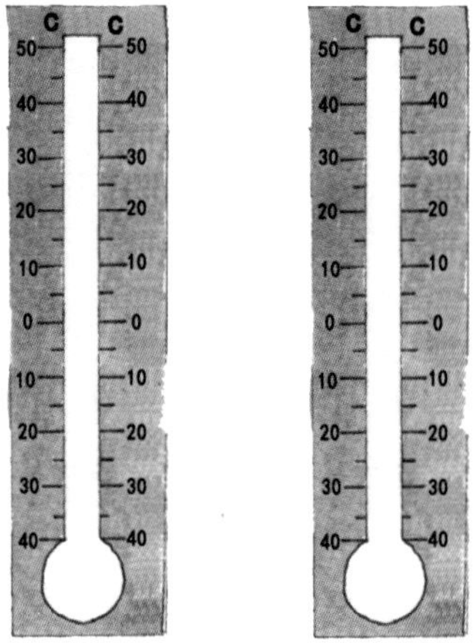

最高气温：______℃ 最低气温：______℃

梅雨季节

芒种时节，气温显著升高，真正炎热的夏天开始了。南方即将进入连绵阴雨的梅雨期，这样的天气要持续一个月左右。芒种前后天气多变，收割麦子要抓紧时间。

梅雨五绝（其二）
[宋] 范成大
乙酉甲申雷雨惊，
乘除却贺芒种晴。
插秧先插蚤籼稻，
少忍数旬蒸米成。

芒种三候

一候，螳螂生

二候，鵙（jú）始鸣

三候，反舌无声

合欢花

合欢花开

合欢树开花了，绿油油的叶子上开满粉红色的花朵。合欢花的外形就像一把小扇子，颜色鲜艳，气味芳香。它的叶子会在白天张开，夜里合拢，进入睡眠状态；当遭遇大风大雨时，也会逐渐合拢，以防柔嫩的叶片受到暴风雨的摧残。

青梅煮酒

在南方，芒种时节有煮青梅的习俗。每年的五、六月是梅子成熟的季节，新鲜的梅子味道酸涩，需要加工后才好吃，这种加工过程便是煮梅。《三国演义》中有曹操与刘备“青梅煮酒论英雄”的故事，不妨找来读读。

螳螂生

螳螂去年秋天产下的卵开始破壳，生出小螳螂。螳螂有保护色，有的还有拟态，这能让它们看起来与周围环境相似，既可以躲避天敌，又可以在等候或接近猎物时不易被发现。

螳螂是肉食性昆虫，猎捕各类昆虫和小动物，它能消灭很多种害虫，所以对人类有益。一般来说，螳螂只捕食活的猎物，而且只捕食生活在花卉、叶子、树枝或地面上的昆虫，不捕食在飞翔中的猎物。尽管许多种类的螳螂有翅翼，但它们很少用它来飞翔。

端午节

每年的农历五月初五是端午节，多数会赶在芒种期间。家家户户包粽子、吃粽子，小朋友们还可以在手臂上系五彩线，或者用硬纸做成粽子的形状，再缠上好看的五色线戴在脖子上。

粽子好吃又好看，包粽子也并不难学，只要提前把包粽子所需的材料准备好，将糯米或黄米、枣、粽叶放在凉水里浸泡一天，就可以按照下面的步骤学包粽子了。

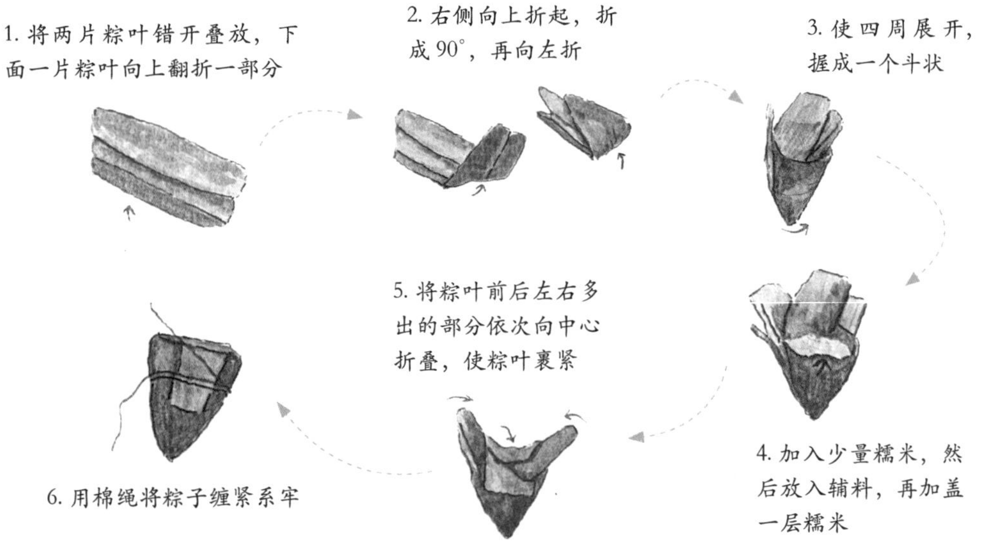
1. 将两片粽叶错开叠放，下面一片粽叶向上翻折一部分
2. 右侧向上折起，折成90°，再向左折
3. 使四周展开，握成一个斗状
4. 加入少量糯米，然后放入辅料，再加盖一层糯米
5. 将粽叶前后左右多出的部分依次向中心折叠，使粽叶裹紧
6. 用棉绳将粽子缠紧系牢

收麦 夏播

农谚说：“麦收如救火，麦收如战场”，“一场大雨一场空”。夏天正是多雨的时候，收割麦子要如同虎口夺粮，与时间赛跑，否则下雨后麦子倒在田里，就会发霉、发芽而不能食用了。农民们收割完成熟的小麦、油菜、豌豆，就要忙着播种玉米、大豆等夏播作物了。

梅 雨

“黄梅时节家家雨，青草池塘处处蛙。”芒种时节，南方开始持续的阴雨天，正好赶上江南梅子的成熟期，所以称为“梅雨”，这时段就被称作“梅雨季节”。梅雨季里，空气湿度大、温度高，衣物容易发霉，所以梅雨又被叫作“霉雨”。

夏至

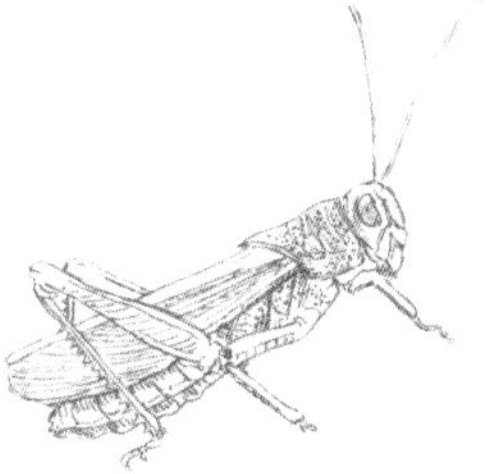

中午，太阳爬得老高，爸爸把一根木杆插在地上，教牙牙测量影子的长度，再和前天记录的影长比一比。牙牙比完发现，今天的影子要比前天短。爸爸告诉牙牙，中国大部分地区位于北回归线以北，在这些地方，夏至日正午时刻的影子是一年里最短的。牙牙马上站起身，叫爸爸也帮她测出影长，等明天再来比比看。

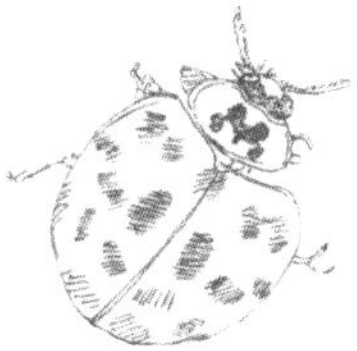

夏至

夏至，时间点在6月21～22日之间。“至”是极的意思，夏至这天，太阳直射地球的位置到达一年的最北端，几乎直射北回归线，北半球的白昼达到最长。很多地区有夏至吃面的习俗，并且有“吃过夏至面，一天短一线”的说法，也就是说，夏至一过，白天就一天比一天短了。这个时期大部分地区气温较高，日照充足，降水对农业产量影响很大。

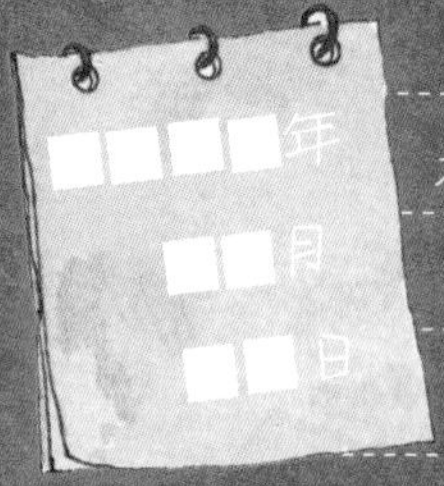

年
月
日

不过夏至不热。

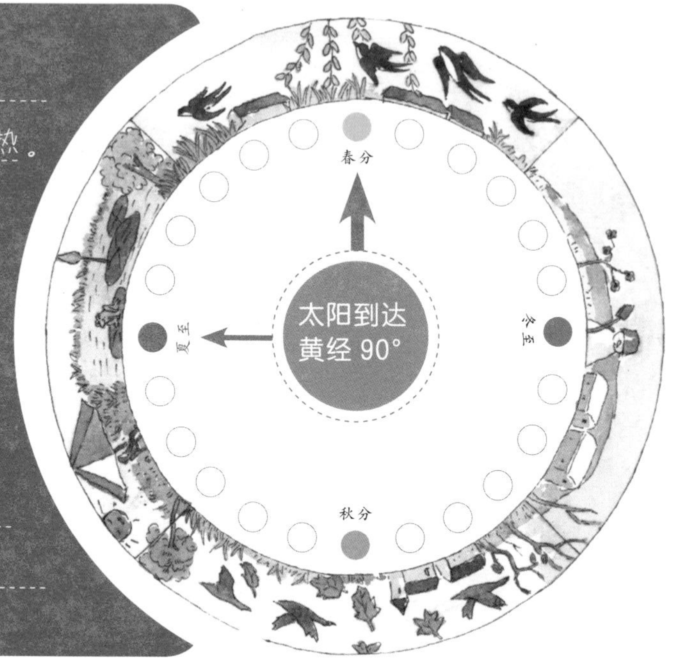

春分
夏至
太阳到达黄经90°
冬至
秋分

用画笔为温度计涂上刻度，记下夏至这天的气温吧！

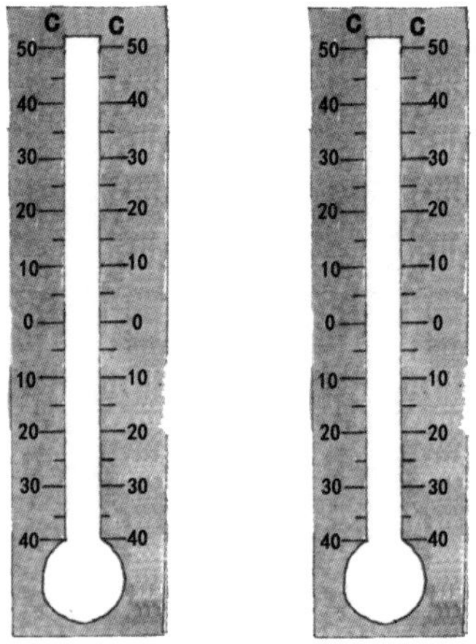

最高气温：______℃　最低气温：______℃

天象

夏至
春分
北斗七星
小熊座
北极星
大熊座
北

如果你在春分日和夏至日这两天夜里的同一时间观察星空，会发现北斗七星斗柄的指向刚好旋转了90°。以黄河流域晚上10点左右所见为例，春分斗柄指向正东，夏至则指向正南。

竹枝词二首（其一）

[唐]刘禹锡

杨柳青青江水平，
闻郎江上唱歌声。
东边日出西边雨，
道是无晴却有晴。

夏至三候

一候，鹿角解

二候，蜩（tiáo）始鸣

三候，半夏生

杏

杏子熟

树上的杏子熟了，黄黄的果肉十分诱人。杏虽好吃，但不能吃太多。杏肉经过加工还可以制成杏脯、杏干等。杏仁一般分为甜杏仁和苦杏仁，苦杏仁有毒，不能直接食用。

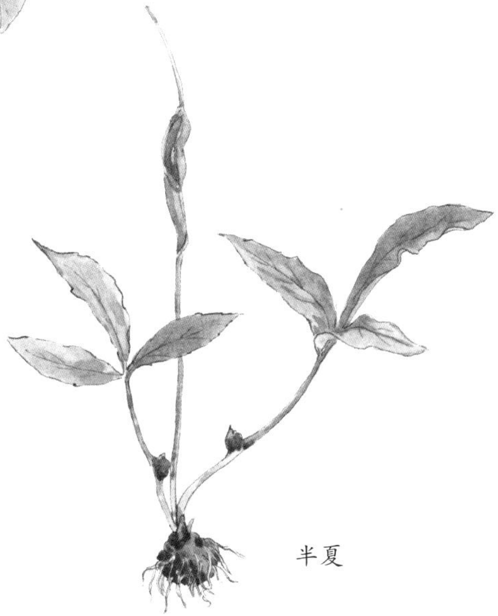

半夏

半夏生

半夏长起来了，它适应环境的能力很强，很容易在山坡、溪边、阴湿的草丛或树林下找到。半夏的地下块茎是一种常用中药材，有化痰止咳等功效。

石榴花

花儿红

红红的石榴花因为颜色艳丽，象征着日子红红火火，很受人们喜爱。它的花萼不是通常的绿色，而是橙红色，形状似钟，表面光滑，像涂了一层蜡。石榴花的花瓣有5~7枚，除了我们常见的红石榴花，还有白石榴花。石榴花既可用于观赏，还有收敛、止泻等药用价值。

鹿角解

鹿角有非凡的再生能力，每年都会经历生长、死亡、脱落、再生的过程。夏至前后，正是鹿角自然脱落的时候，此后不久，鹿又会长出新角。鹿角是较大的骨质结构，骨外有天鹅绒般的鹿茸外皮。

圭表测影

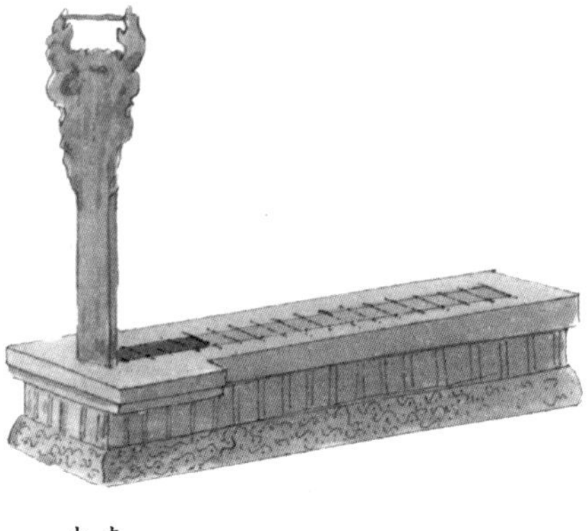

圭表

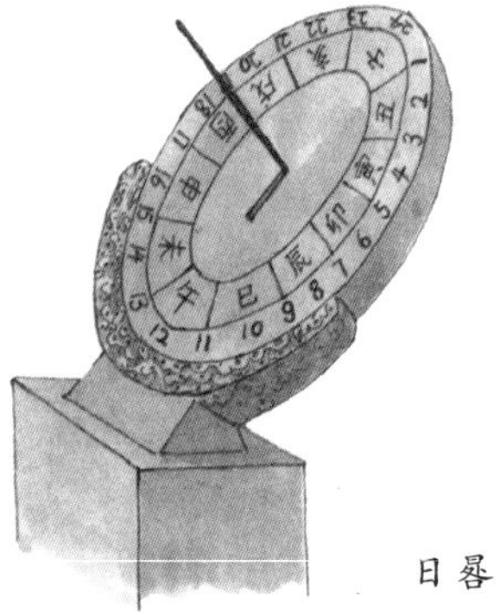

日晷

圭（guī）表是古人测量正午日影长度的仪器，由两个部分组成，直立的标杆叫“表”，正南正北方向平放着带有刻度的刻板叫“圭”。

最早，古人在平地上竖一根杆子来测量太阳影子的长短，发现每日正午时日影最短。后来，人们发明了带有刻度的圭表，记录下每日正午表影的精确长度，并把一年里正午表影最短时定为夏至，表影最长时定为冬至，由此便可以确定节气和一年的长度。比如，连续两次测得表影的最长值，这两次最长值相隔的天数，就是一年的时间长度。

再后来，人们又发明了日晷（guǐ），利用日影测量每天的时刻。

过水面

“冬至饺子夏至面。”很多地方在夏至这天有吃“过水面”的习俗。过水面也就是凉面条，很适合在炎炎夏日食用。

玉米间苗

补苗

作物打理

夏播作物幼苗出土后，需要间苗、定苗，也就是拔除多余的幼苗，留下需要的，有缺苗的要及时补苗；出蕾后的棉花需要打杈，掐掉不长棉铃的多余枝桠；苹果树、梨树要喷药防虫。锄地是此时农民的当务之急。

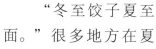

小暑

终于能摘西瓜了！爷爷家的瓜田成了牙牙最喜欢待的地方，可以整天在棚子里看西瓜、抓蟋蟀。爷爷说，一年里最热的时候开始了，这种潮湿闷热的天气要持续三十来天，到立秋才会过去，也就是人们常说的“三伏天”。

小暑

小暑，时间点在7月6～8日之间。“暑”指炎热，“小”指热的程度。小暑的意思就是天气开始炎热，但还不到一年中最热的时候。

这时节，南方的梅雨季节即将结束，而人们常说的一年中最热的“三伏天”就要开始了。很多地方有“头伏”吃饺子的习俗，因为天气炎热人们容易吃不下东西，而饺子在传统习俗里正是开胃解馋的食物。

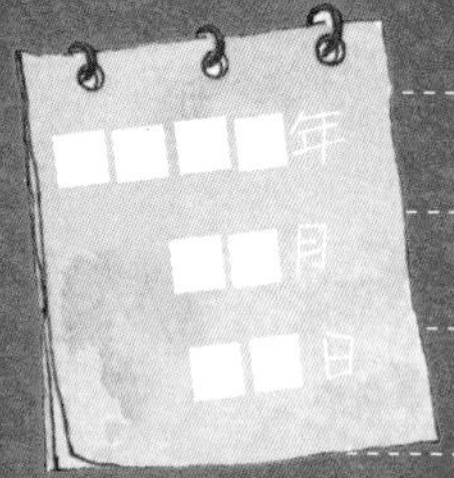

小暑过，
一日热三分。

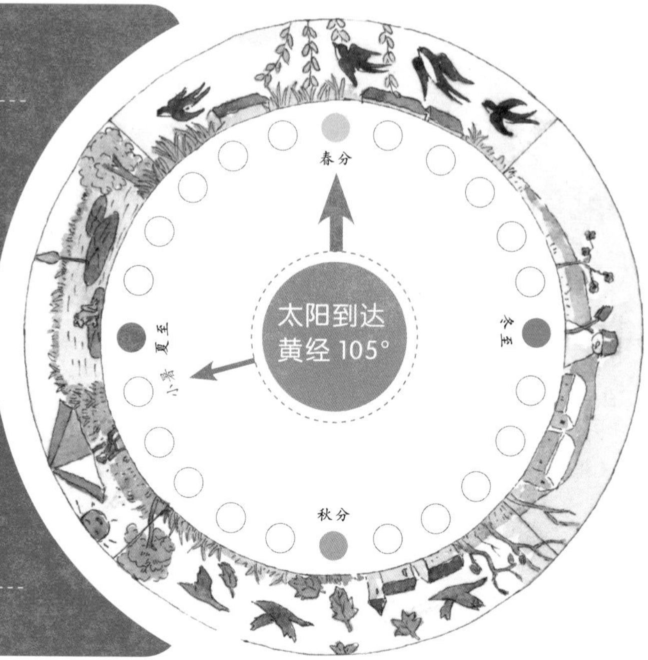

用画笔为温度计涂上刻度，记下小暑这天的气温吧！

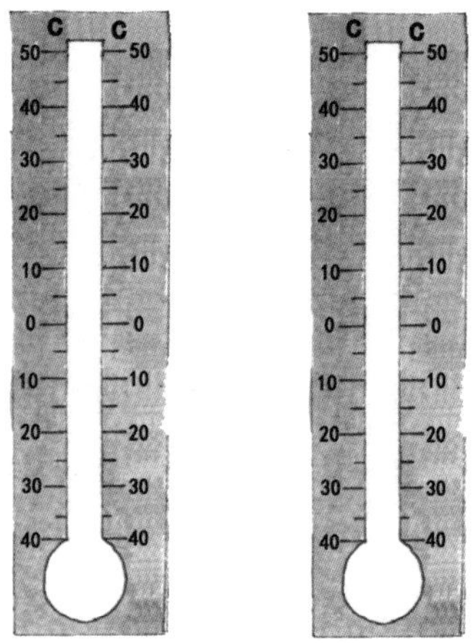

最高气温：______°C　最低气温：______°C

龙卷风

小暑节气，强对流天气频发，暴雨、强雷、冰雹、龙卷风、雷击时常发生，要预防泥石流和洪水灾害。

小暑六月节

[唐] 元稹

倏忽温风至，因循小暑来。
竹喧先觉雨，山暗已闻雷。
户牖深青霭，阶庭长绿苔。
鹰鹯新习学，蟋蟀莫相催。

西瓜熟

地里的西瓜可以吃了。成熟的西瓜水分多、味道甜，你知道怎么才能挑到好吃的西瓜吗？

有三个好方法：第一，摸瓜皮，表皮滑滑的是成熟的，发涩的是生瓜。第二，听声音，用手指轻轻弹拍，发出“咚、咚”声、声音清脆的是熟瓜；发出“嗒、嗒”声的是生瓜。第三，看瓜蒂，成熟的西瓜通过瓜蒂吸收了充足的营养后，瓜蒂就会变细、枯萎，如果瓜蒂还是绿绿的、粗粗的，说明这个瓜还没完全成熟。

荷花开

池塘里荷花开了，一朵朵绽开清秀的面庞，为炎热的小暑时节带来一丝清凉。荷花出污泥而不染，花朵有白、粉红、深红等颜色。碧绿的荷叶上布满肉眼看不见的密密麻麻的短毛，短毛间有一层蜡一样的物质，所以雨水落在荷叶上能形成滚动的水珠。荷花扎根在淤泥里，它那肥大的地下茎，就是我们吃的藕。

小暑三候

一候，温风至

二候，蟋蟀居壁

三候，鹰始鸷（zhì）

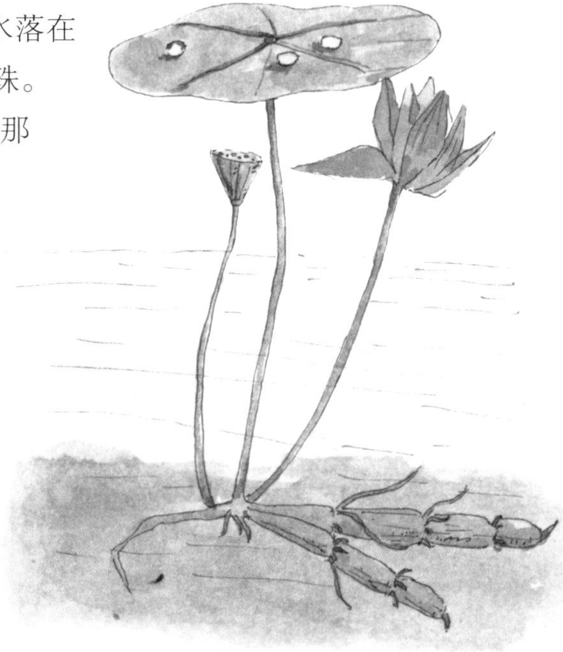

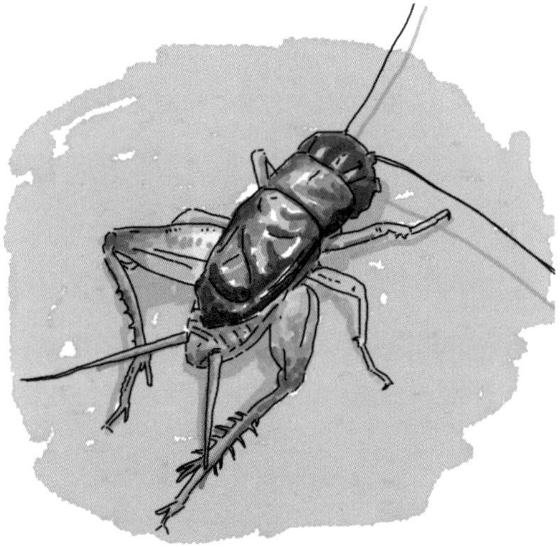

蟋蟀会唱歌

蟋蟀穴居，常栖息于砖石下、土穴中、草丛间。天气变炎热以后，蟋蟀在野外鸣叫得最欢；天气转凉的时候，为了取暖，蟋蟀会渐渐靠近人的居所，人们在自家墙角下也能听到蟋蟀的叫声。

棉花整枝

自古民间就有“尽管小暑天气热，棉花整枝不能歇”的农谚。从棉花出蕾到结棉铃，棉农除了要追肥，还要及时为棉花整枝（打杈）、去老叶，以协调养分分配，增强通风透光，减少蕾铃脱落。

花蕾

棉铃

棉花

整枝

防 潮

小暑时节雨水多，房间里的东西容易受潮发霉。当天气晴好、艳阳高照时，可趁机赶紧把家里的衣物拿出来晒晒太阳，比如秋冬的衣服、被子和书，以防虫咬、霉烂。

放暑假

放暑假了，终于可以痛痛快快地玩儿了。虽然天气炎热，但小朋友们还是喜欢结伴在户外玩耍。这时就要注意防止中暑和晒伤，尽量避开中午最热的时候出门，也不要在大太阳底下待太长时间。平常多吃蔬菜水果，吃冷饮要适量。

大暑

村前的小树林是乘凉玩耍的好地方，可树上的知了叫个不停，惹得牙牙总想捉几只下来。但听爷爷讲，知了要在地底下待上好几年，才能钻出土壤爬到树枝上，牙牙就不忍心再去捉它们了。

大暑

大暑，时间点在7月22～24日之间。大暑相对于小暑，天气更加炎热，是一年中日照最多、气温最高的时候，也是喜热作物生长速度最快的时期。大暑一般在“三伏天”里最热的“中伏”前后，大地上暑气蒸腾，极其闷热，很多地区的旱、涝、风灾等各种气象灾害也最为频繁。大暑时节，有的地方吃凉性食物消暑，有的地方则吃热性食物“过大暑”。大暑过后便是立秋。

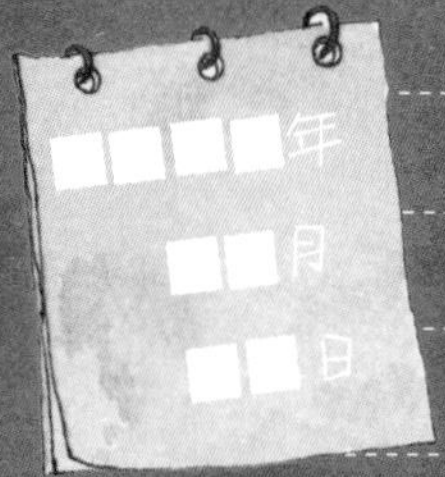

大暑到，
暑气冒。

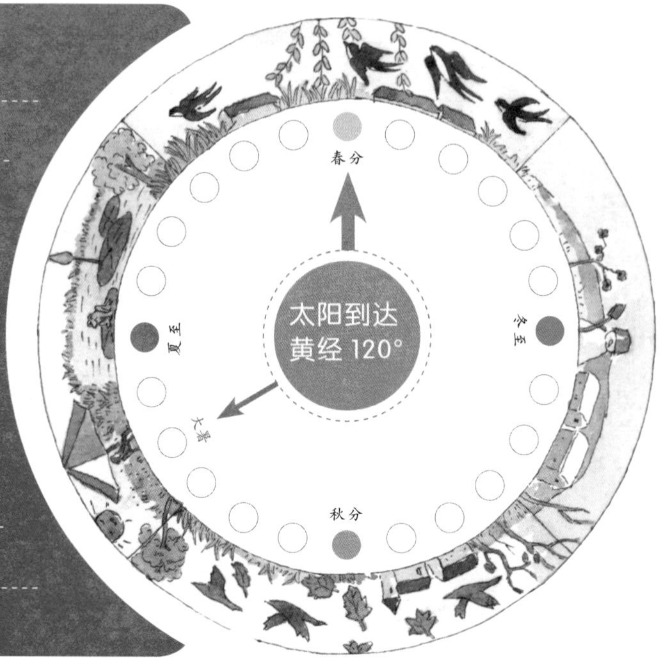

用画笔为温度计涂上刻度，
记下大暑这天的气温吧！

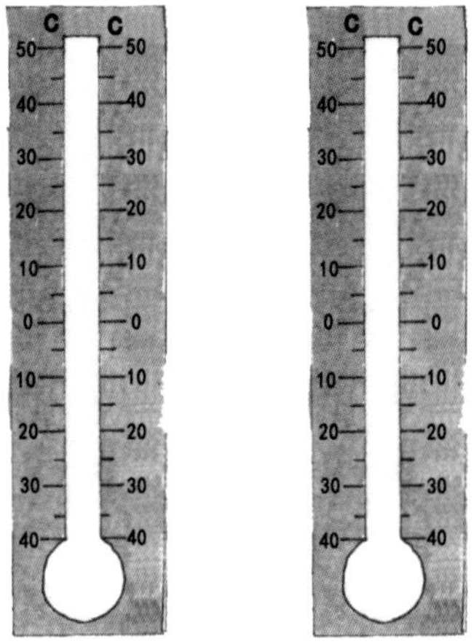

最高气温：______°C　最低气温：______°C

雷阵雨

大暑天气不稳定，东边日出西边雨，是雷阵雨多发期。大雨能稍微缓解空气中的闷热。

大暑

[宋] 曾几

赤日几时过，清风无处寻。
经书聊枕籍，瓜李漫浮沉。
兰若静复静，茅茨深又深。
炎蒸乃如许，那更惜分阴。

萤火虫飞舞

萤火虫是一种小型甲虫，尾部能发出荧光，所以叫萤火虫。萤火虫有水生和陆生两大类，陆生萤火虫喜欢栖息在潮湿温暖、草木繁盛的地方，古人误以为萤火虫是腐草变来的。宁静的夏夜，萤火虫在草丛中飞来飞去，预示着凉爽的秋天不远了。

大暑三候

一候，腐草为萤

二候，土润溽（rù）暑

三候，大雨时行

凤仙花

凤仙花开

凤仙花喜欢阳光、怕湿、耐热不耐寒，正好适合在大暑节气生长。它的花朵形似蝴蝶，有粉红、大红、紫色、白色等多种颜色。凤仙花又叫“指甲花”，摘下新鲜的花瓣捣烂，可以用来给指甲染色。用这种方法染指甲，不仅对身体无害，据说还有去火静心的作用。

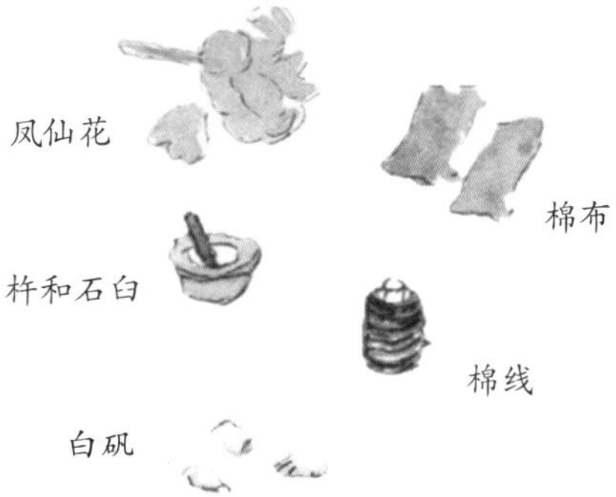
凤仙花
棉布
杵和石臼
棉线
白矾

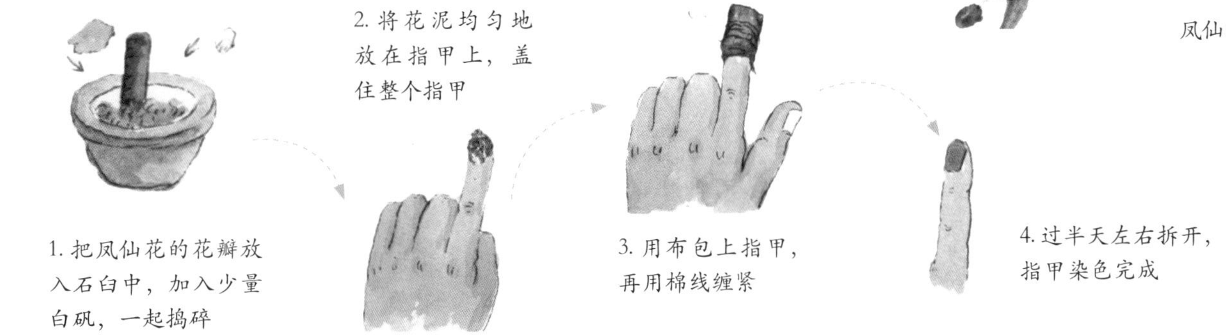
1. 把凤仙花的花瓣放入石臼中，加入少量白矾，一起捣碎
2. 将花泥均匀地放在指甲上，盖住整个指甲
3. 用布包上指甲，再用棉线缠紧
4. 过半天左右拆开，指甲染色完成

割稻子

“大暑不割禾，一天少一箩。”大暑正是早稻成熟的时候，虽然天热得让人喘不过气，农民们还是要想办法把稻子收回去，争取颗粒归仓。

避 暑

傍晚，空气中的热气稍退，河边吹来一丝丝凉风。忙碌一天的人们聚在河边的树阴下喝茶、乘凉。

知了在树上唱个不停，有调皮的小朋友用面粉做成黏黏的东西，固定在杆子上，爬到树上去粘知了。许多老人搬出小凳子，坐在河边钓鱼。

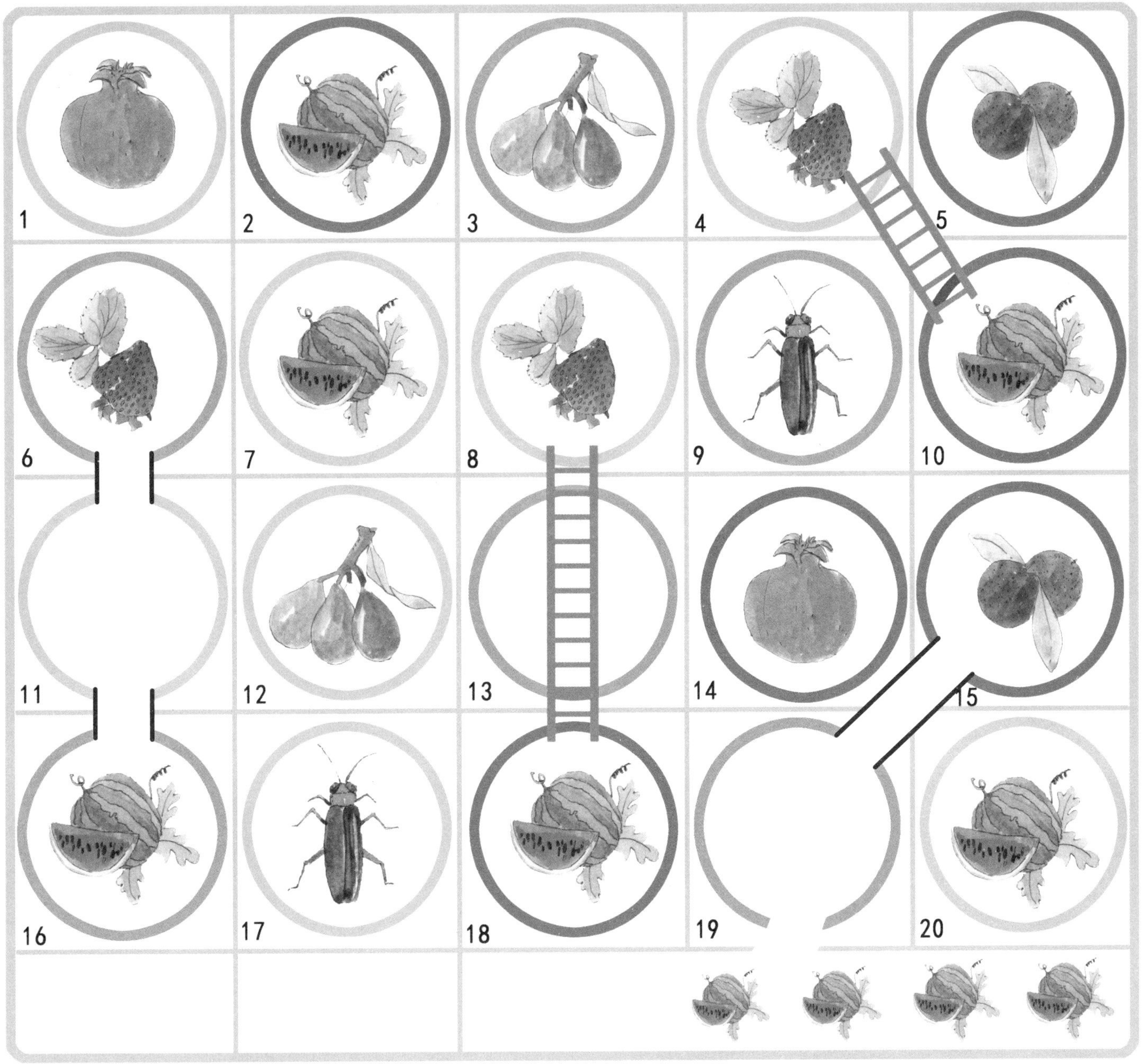

抢西瓜

游戏规则：通过猜拳或者掷色子，根据猜拳的输赢或色子  的点数走相应的步数。遇到梯子可以直接通过梯子获得西瓜；遇到虫子则获得的西瓜减少 1 个；如果遇到“黑洞”，则直接落入下面一层获得西瓜。直到走到最后游戏结束，获得西瓜多的玩家获胜。

我们这样学习节气

高春香 编著
许明振 绘

海豚出版社
DOLPHIN BOOKS
中国国际传播集团
CICG
新世界出版社
NEW WORLD PRESS

图书在版编目（C I P）数据

这就是二十四节气．我们这样学习节气／高春香编著；许明振绘．-- 2 版．-- 北京：海豚出版社，2019.9（2023.12 重印）
ISBN 978-7-5110-4759-5
Ⅰ．①这… Ⅱ．①高… ②许… Ⅲ．①二十四节气－儿童读物 Ⅳ．① P462-49

中国版本图书馆 CIP 数据核字 (2019) 第 171074 号

这就是二十四节气·我们这样学习节气

高春香／编著　许明振／绘

出版人：王磊
策划编辑：吕晖　王然　特约编辑：吴蓓　责任编辑：王然　美术设计：丁卉　责任印制：于浩杰　蔡丽
法律顾问：殷斌律师
出版：海豚出版社
地址：北京市西城区百万庄大街 24 号　邮编：100037
电话：010-68325006（销售）010-68996147（总编室）　传真：010-68996147
印刷：天宇万达印刷有限公司
经销：全国新华书店及各大网络书店
开本：16 开（889mm × 1194mm）　印张：11　字数：100 千
版次：2015 年 9 月第 1 版　2019 年 9 月第 2 版　2023 年 12 月第 25 次印刷　印数：1007621 ~ 1035120
标准书号：ISBN 978-7-5110-4759-5
定价：150.00 元

前言

牙牙一家

我是牙牙的妈妈，高春香老师。在牙牙五岁的时候，为了解答她当时的一个提问“什么是惊蛰”，我们全家开始关注节气科普知识。两年后，2015 年 9 月，牙牙七岁时，为牙牙，也为中国的孩子们创作的中国第一套节气科普绘本《这就是二十四节气》由海豚出版社正式出版发行了。

没想到，这套绘本一发行就得到了全国上百万家庭、幼儿园、学校、图书馆、绘本馆的喜爱。我很高兴，大家能够关注节气，了解节气。2016 年 11 月 30 日，二十四节气被联合国教科文组织列入世界非物质文化遗产名录，这是对祖先传承下来的节气给予的高度评价，大家都奔走相告，分享这一喜讯。但事实让我们感到，节气在今天的传承没有我们想象得那么乐观，它在延续了 2700 多年后，却渐渐被人们遗忘，甚至不解。很多人说不完整二十四节气歌，记不全二十四个节气名称，对于节气在农业生产中的指导作用更是知之甚少。二十四节气在今天，还有用吗？它仅仅是传统文化，只需读读、了解一二就可以了吗？

读过《这就是二十四节气》绘本后，听了我和牙牙爸爸在网络和现场分享自己对二十四节气的解读，很多朋友说，二十四节气是一门博物学，它涉及天文、地理、气象、植物、动物、农事、民俗、美食、游戏等领域，远不是曾经理解得那么简单的传统文化。

2015 年 11 月，我们仨带着刚刚出版的《这就是二十四节气》绘本在上海国际童书展与大家见面，200 套绘本抢购一空。我和牙牙爸爸不停地给大家讲解节气中的博物奥秘时，大家都觉得，对于祖先留给我们的节气知识，我们不能只读读，要学着像古人一样，观察、记录、分析、总结、发现隐藏其中的自然秘密，然后指导我们的生产和生活。

随后，我们开始研发《这就是二十四节气自然笔记本》，我们要让古人千年前总结的节气智慧，不再局限于黄河流域中下游地区，要让全中国九百六十万平方公里上的每一个人来记录各地的节气物候特征，每个人完成自己的节气书，所有人就可共同书写《中华节气博物志》这本大大的、厚厚的、年年需要更新的书。

至此，我、牙牙、牙牙爸爸，还有牙牙的亲朋好友、同学、老师们开启了各自所在地的节气天文、地理、自然物候观察与记录的新征程。

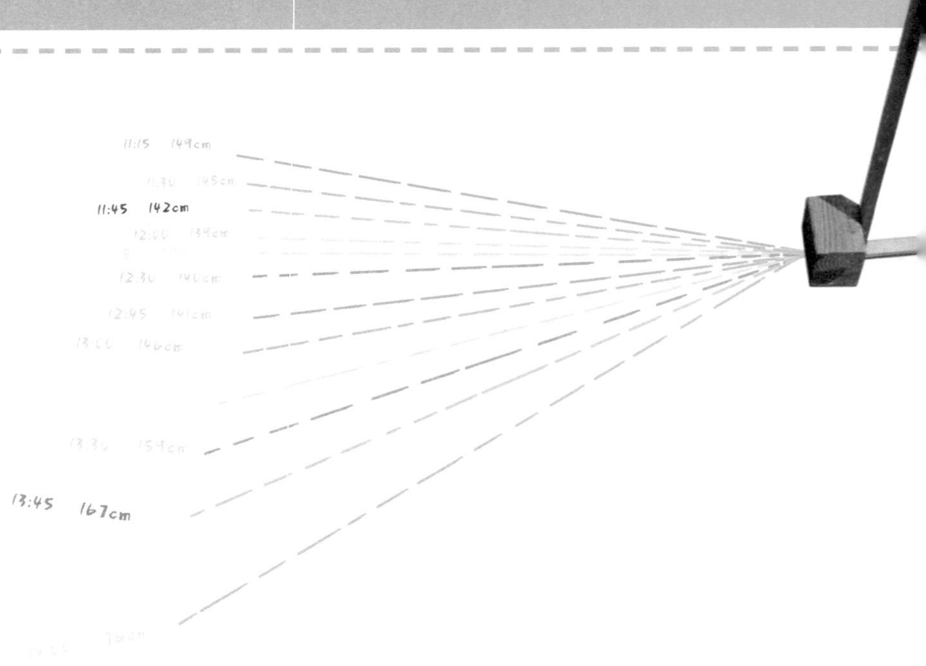

目 录

与太阳做同桌 ——立杆测影

从资料中获知，古人通过立杆测影的方法确立了最早的四个节气：冬至、夏至、春分和秋分。我们效仿古人立杆测日影，看看是否真的像古人总结的那样，在北回归线以北，冬至日正午太阳日影是全年最长的，夏至日是最短的。同时我们也希望通过观测，看看进入 21 世纪，以同样方法测量能否发现新的规律。

观测工具：

直立木（竹）杆一根（高 1 米左右）、钢卷尺一把、指南针一个、手持 GPS 或手机定位 APP（如吉印足迹）、手表或闹钟。

观测方法：

首先，将测量杆垂直立于平地（立稳后量出杆的高度，准确记录）；然后，将杆影画线并测量长度，用指南针测出日影的朝向，将长度、朝向连同测量时刻一同精确记录；最后，将标有经纬度的照片收录或上传到“书香海豚”公众号分享。

在观测过程中，我们还总结出了以下经验：

1. 杆长要固定，建议 1 米长，便于全国各地同时观测并进行数据换算；

2. 杆要平直、不弯曲；

3. 杆要垂直固定立地，不要挪动，也不要晃动；

4. 先测出一天中正午最短日影出现的时间，将这个时间固定下来，每天相同时间测量；（小贴士：除了每天固定时间测量外，建议全家一起，做一次全天的日影测量。从日出开始到日落，每隔 15 分钟测量一次，正午前后的 1 小时内，可增加到每 5 分钟测量一次。每次测量时标注好日影点，最后把日影点连线，就能和孩子一起绘出一个白天的“太阳行走轨迹”。）

5. 量出每天正午最短日影的长度，记录统计，并拍照留存；

6. 全年测量完毕，进行数据统计对比分析。

在测量过程中，却遇到几个问题：

1. 各个地方因地理经度不同，所以正午最短日影出现的时间不同，需要连续多日测量，以确定这个正午时刻。但据牙牙四姨夫在山西太原和牙牙二姨在深圳所做的连续观测发现，同一地点每天最短日影出现的时间也会有不同。所以，他们将正午时间出现的范围扩大到了半小时以内，如，太原正午时间在 12:15—12:45，12:30 左右出现最短日影频率居多；深圳正午时间在 12:10—12:40，12:35 左右出现最短日影频率居多；苏州正午时间在 11:50—12:00，11:55 左右出现最短日影频率居多；宁夏隆德正午时间在 12:40—13:00，12:55 左右出现最短日影频率居多。所以，不同地点的观测者，一定要进行多日最短日影的统计，确定好一

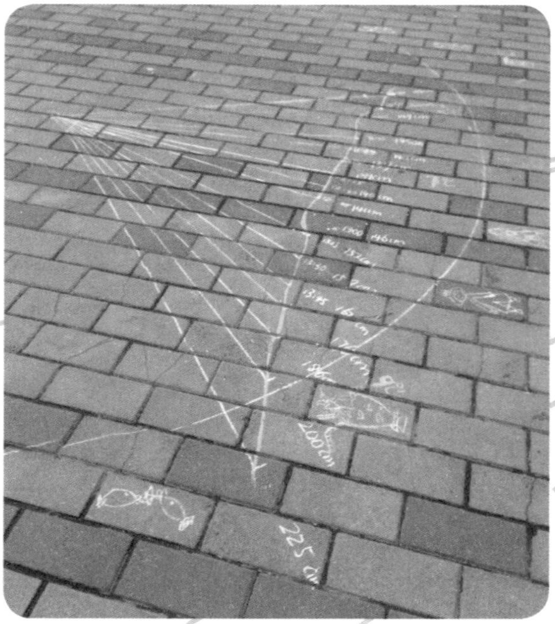

一日太阳运行轨迹绘制

测日影数据统计表（1日）

测量日期：
测量地点：
测 量 人：
杆　　长：
日出时间：　　　　　日落时间：
注意：1. 从日出测到日落；
2. 每半小时测量一次，当地正午前后1小时左右，每5分钟测量一次；
3. 把测量的完整图拍下来；
4. 准确填写数据。

测量时间	影长（厘米）	测量时间	影长（厘米）	测量时间	影长（厘米）

一日日影测量统计

个时间范围，然后，在这个时间范围内坚持测量。

2. 从时间安排上看，工作日因工作和学习没时间测量，无法获取数据；双休日也可能遇到阴天、下雨、下雪等看不见太阳的天气，测不到数据。从地域上看，比如江南地区，每年梅雨季一来，连续近一个月测不到日影，且这段时间年年如此，即便连续测量几年也很难测到全部日影数据。为此，要测出365.2425天一个回归年每天的正午日影，不是那么简单，需要坚持。

3. 中国有一部分区域处在北回归线上及北回归线以南，在这个区域内观察，夏至日及前后的一段时间，正午会没有影子，甚至影子会朝南，变化频繁，更需要密切关注，并做好记录。此外，这些区域正午气温很高，坚持测量还要预防中暑。

为了解决工作日测不了日影的问题，我们建议，以家庭为单位，不管身处何地，发动孩子的爷爷奶奶、姥姥姥爷，以及其他亲属，一起学习测日影，让他们帮着孩子完成这个需要坚持才能完成的任务，相信长辈们一定很乐意。通过节气观察活动习得基本科学素养，这是我们为全民科普总动员发起的一项倡议。

下面就是我家“全家总动员”取得的阶段性成果。感谢牙牙四姨和四姨父，他们家住山西省太原市小店区，经过近两年的日影观测记录，得出当地每个节气日当天正午最短日影出现时间及影长变化的统计数据。与此同时，牙牙二姨在深圳罗湖区的居住地天天坚持测日影，我们带着牙牙在苏州高新区科技城进行日影观测，并及时将三地测量的日影数据进行对比，这样几家人互相鼓励督促，一起坚持下来，共同从中受益。

牙牙爸爸把标记了统计数据的圭表称作“量天尺”。地理纬度不一样的地方，做出的“量天尺”也不一样。

你在哪里？请为你所在地方做一把“量天尺”吧！

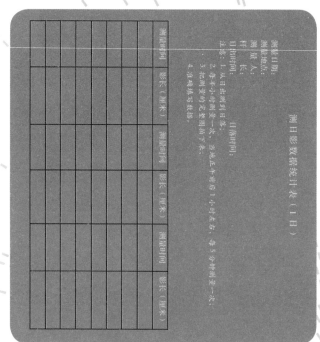

山西太原小店区日影

通过一日日影测量，画出太阳的运行轨迹，从而确定当地正午最短日影出现的时间。将这个时间固定下来，以后每个节气坚持在这个时间测量记录日影长度。

这是我们和牙牙二姨、四姨几家人于同一天（2019 年 5 月 21 日），分别在三个地方（ 江苏苏州、深圳、山西太原）测得的日影数据对比。

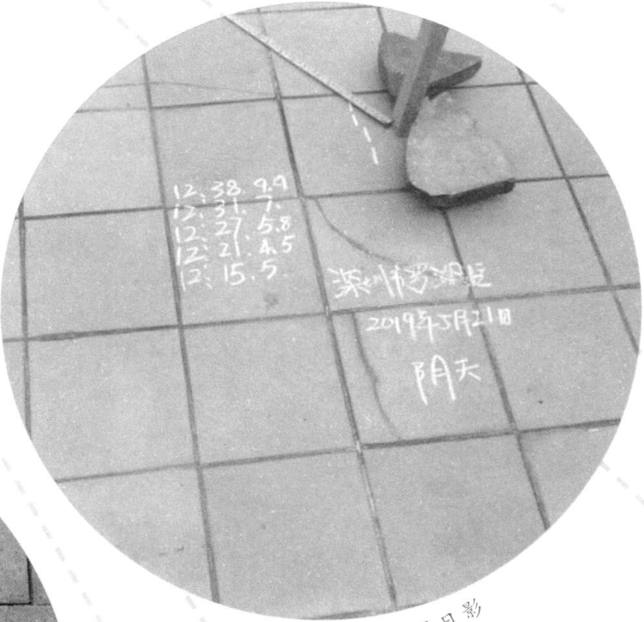

深圳罗湖区日影

苏州高新区日影

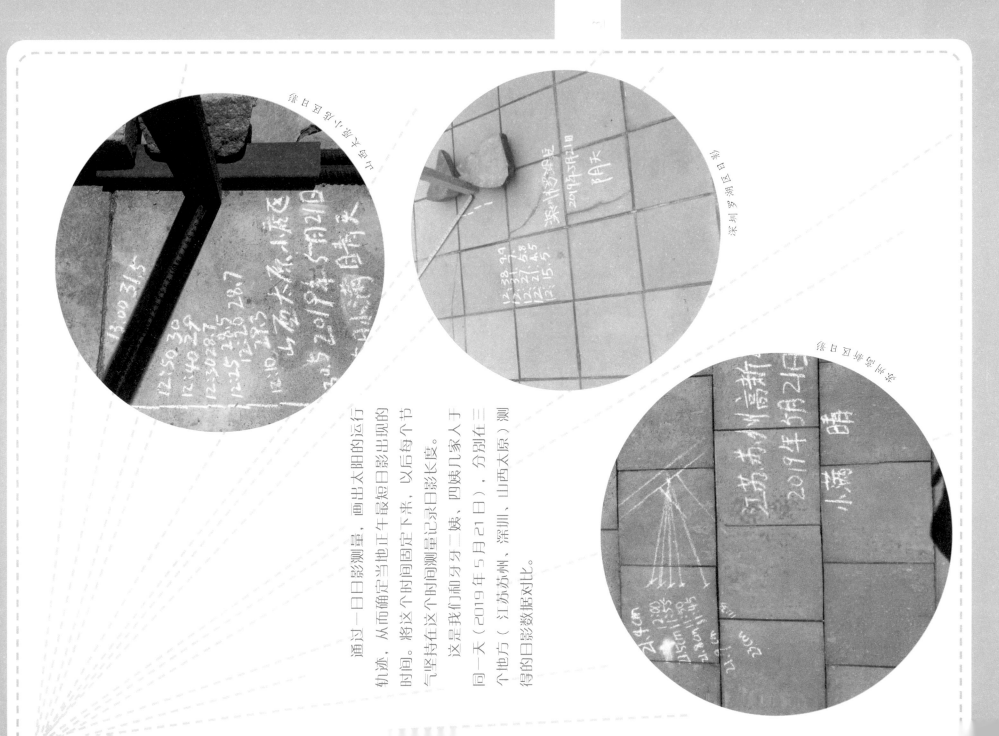

牙牙四姨和四姨夫统计的一年 24 个节气日当天，山西太原小店区老峰村正午日影数据。

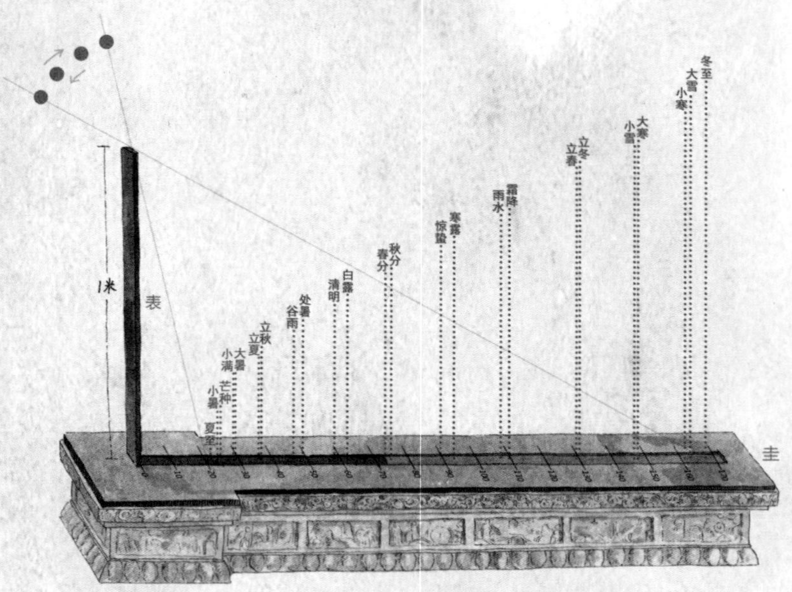

标记了日影数据的圭表

固定观测地点：山西省太原市小店区 ；纬度：N37° 经度：E112° 海拔：770米

固定观测时间：中午12：00 — 13：00

固定杆长（表长）：1米

观测数据汇总（根据2017—2019年实测数据）

节气	观测日期	最短日影出现时间	影长（cm）	节气	观测日期	最短日影出现时间	影长（cm）
立春	2月4日	12:40	129.3	立秋	8月8日	12:26	36
雨水	2月19日	12:45	107.6	处暑	8月23日	12:37	48.5
惊蛰	3月6日	12:45	89.4	白露	9月9日	12:30	62
春分	3月21日	12:30	73.3	秋分	9月23日	12:32	74.5
清明	4月5日	12:35	58.3	寒露	10月8日	12:40	93
谷雨	4月21日	12:31	45.8	霜降	10月23日	12:30	109.5
立夏	5月7日	12:33	35.4	立冬	11月7日	12:30	130
小满	5月21日	12:25	28.5	小雪	11月22日	12:15	146.4
芒种	6月6日	12:30	24.1	大雪	12月7日	12:25	162.4
夏至	6月21日	12:30	21.5	冬至	12月23日	12:30	166.5
小暑	7月7日	12:30	23.5	小寒	1月7日	12:30	161.5
大暑	7月23日	12:30	28.7	大寒	1月20日	12:40	147.1

抬头看天上的地图
——观北斗知节气

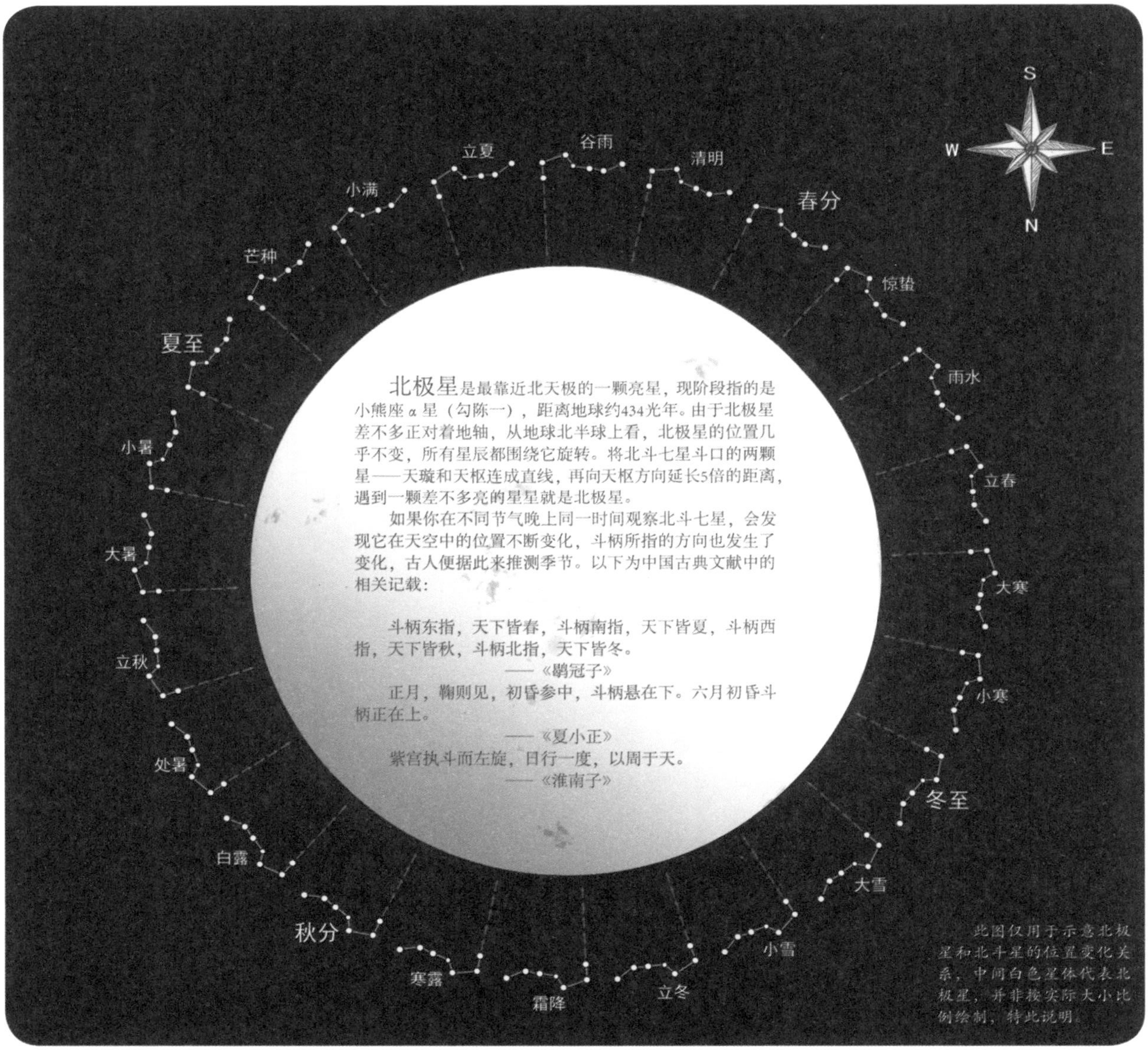
S
W
E
N
北极星是最靠近北天极的一颗亮星，现阶段指的是小熊座α星（勾陈一），距离地球约434光年。由于北极星差不多正对着地轴，从地球北半球上看，北极星的位置几乎不变，所有星辰都围绕它旋转。将北斗七星斗口的两颗星——天璇和天枢连成直线，再向天枢方向延长5倍的距离，遇到一颗差不多亮的星星就是北极星。
如果你在不同节气晚上同一时间观察北斗七星，会发现它在天空中的位置不断变化，斗柄所指的方向也发生了变化，古人便据此来推测季节。以下为中国古典文献中的相关记载：
斗柄东指，天下皆春，斗柄南指，天下皆夏，斗柄西指，天下皆秋，斗柄北指，天下皆冬。
——《鹖冠子》
正月，鞠则见，初昏参中，斗柄悬在下。六月初昏斗柄正在上。
——《夏小正》
紫宫执斗而左旋，日行一度，以周于天。
——《淮南子》
春分
惊蛰
雨水
立春
大寒
小寒
冬至
大雪
小雪
立冬
霜降
寒露
秋分
白露
处暑
立秋
大暑
小暑
夏至
芒种
小满
立夏
谷雨
清明
此图仅用于示意北极星和北斗星的位置变化关系，中间白色星体代表北极星，并非按实际大小比例绘制，特此说明。

聪明的古人白天测日影确定了最早的四个节气，在晚上居然也发现了节气的奥秘。他们借用的就是天上的地图——星座。充满好奇的古人发现，大熊星座北斗七星在北方天空总是围绕北极星逆时针旋转，每天晚上十点左右，在固定地点观察北斗七星斗柄，竟然发现它的指向在变化：春天时指向东方，夏天时指向南方，秋天时指向西方，冬天时指向北方。

我带着牙牙向细心的古人学习，每个节气日，在晚上十点左右，通过肉眼观察星空，或者看星图APP，把北斗七星在每个节气日相同时间的斗柄指向绘制成了一幅图（见上图），看看其中的奥秘吧！

阅读《授时图》，顺应节气安排生活

《授时指掌活法之图》（下称《授时图》）是元代农学家王祯的首创，它以图画的形式把农家月令的主要内容集中体现出来，构思十分巧妙。该图从内向外，分别代表北斗七星斗柄的指向、天干、地支、四季、十二个月、二十四节气、七十二候，以及各物候所指示的应该进行的农事活动。王祯创作《授时图》，

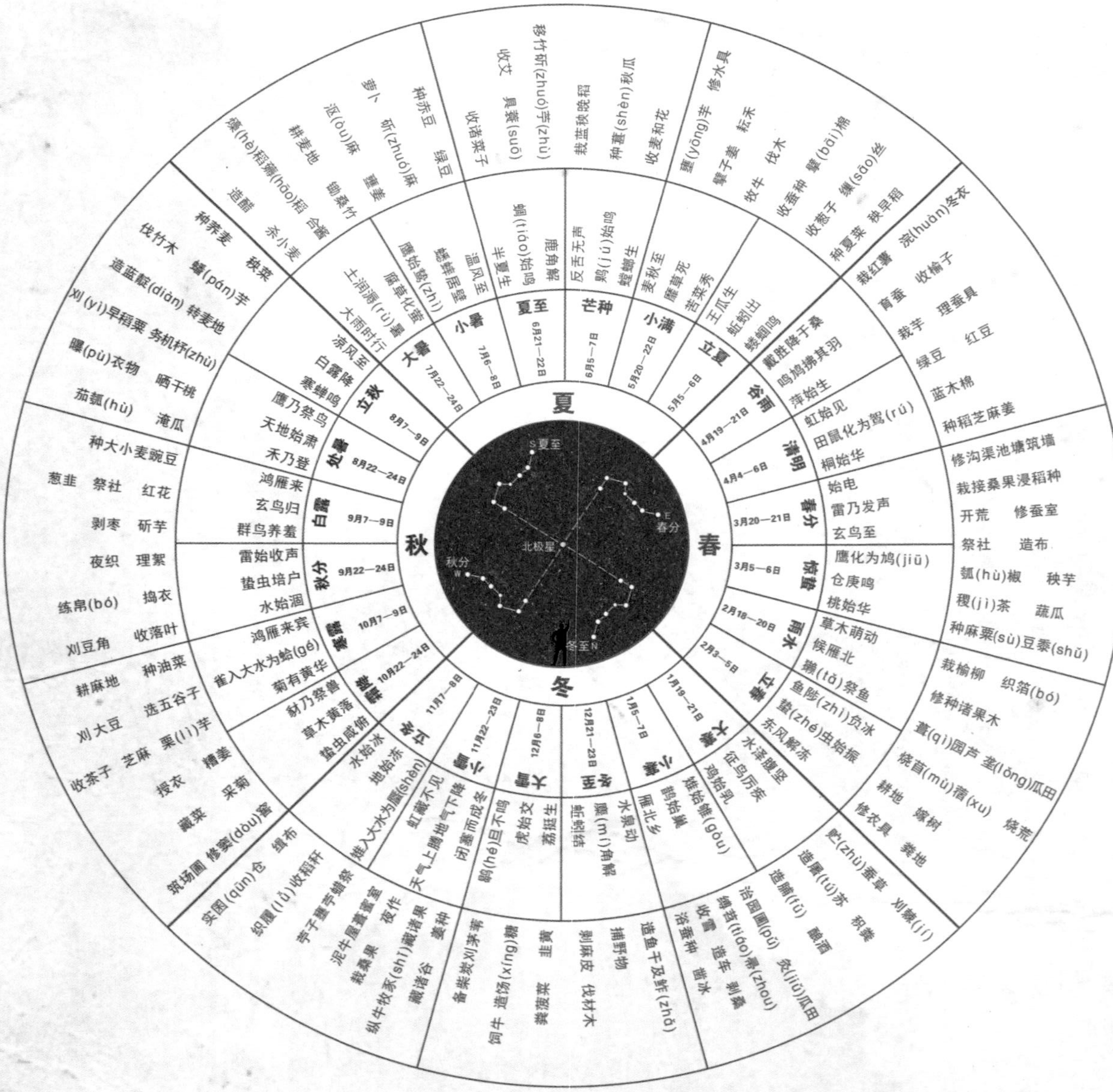

目的在于改变人们“无相当之常识，于农忙农闲，无预定之规则”的状况。

这张《授时图》以二十四节气为核心，将节气、物候与相应的农事安排有机结合，体现了王祯对官方所颁行历法的变通，由此做到“授时历每岁一新，《授时图》常行不易”，在农业生产、生活上具有较强的实用性和指导意义，对于现代人关注当地物候现象、了解气象变化、掌握种植规律也不无作用。比如处暑节气，由《授时图》可知此时适合晒衣物，因为经过汛期的湿热天气，衣物多会发潮发霉，若不及时晾晒，对衣物和人体都有害处，而处暑时期湿气已敛，秋高气爽，正是晾晒衣物的好时机。

《授时图》中心的北斗七星斗柄的指向是确立二十四节气的基础，我们在原图基础上进行改进，绘出“二分”“二至”时的斗柄指向。此外，原图中还标明了天干地支，但为了方便读者阅读，我们将其略去，改为标注每个节气的公历日期。

学习竺可桢，观察记录自然物候

俗话说：花木管时令，鸟鸣报农时。不同节气会有不同的花开放、不同的鸟儿鸣叫。但老话还说，十里不同风，相同的植物在不同地方开花的时间也会不一样。也就是说，不同的地域有着不同的节气物候特征。

竺可桢画像

选定榜样做示范

观察节气自然物候，我们还是门外汉，牙牙妈妈查阅资料，终于为牙牙找到了一个学习物候观察的榜样，他，就是竺可桢爷爷。

竺可桢是中国近代物候学的开创者和奠基人。他从1917年在美国留学开始养成记日记的习惯，每天记录天气阴晴、风向、气温高低，以及相应的物候现象，直到他逝世的前一天，50多年，从未间断。他坚持在北京北海公园观察物候，有时因为工作忙，不能亲自去观察，就请爱人和女儿帮忙作记录。他的自然日记有40多本，近千万字。在积累了这样雄厚观察材料的基础上，他和宛敏渭共同编写出了备受欢迎的《物候学》一书；83岁时还发表了《中国近五千年来气候变迁的初步研究》，并绘制出十分珍贵的北京春季物候现象变化曲线图，为编制出完整的北京自然历提供了科学依据。

来看看竺可桢的日记吧：

1935年5月24日（杭州）

晨阴，有阳光。金丝海棠盛开，代代花多落，东西一枝正开。桐花落。

1942年3月29日（北碚）

油桐花多开花，温泉海棠将谢，山梅花盛开，今晚又闻杜鹃。

1948年3月28日（杭州）

院中迎春花尽落，柿树见芽，玉兰舒叶，桃花落尽。

1972年4月23日，星期日（北京），晴，西边紫丁香开始萎谢落花。

我近来上、下午均作点体操，每次不过5分钟，同时看天空有否燕子飞来。近三四年燕子到北京高飞均在4月21日，而今年却迟了两天在4月23日了。有时（1952年和1955年）4月14

日即见燕子了。而最迟是1965年，直至4月25日；但1965年其他物候却特别早，而1952—1955年其他物候反而来得迟。所以，燕子初见与其他物候不相符合，这点在英国也如此（见《季刊》*Quarterly Journal*，1926，1月，卷52上物候报告，以1751—1785年与1891—1925年相比）。

1973年6月6日（北京）

往年5月底就可以在北京城里听到布谷鸟叫，而今年却直到今天还未曾听到。可能是空气、土壤污染，造成大批候鸟死亡的缘故。

1974年2月6日（北京），病危中的竺可桢用颤抖的手，写下了一生中最后一页日记：

气温最高零下1℃，最低零下7℃。东风一至二级，晴转多云。（局报）

牙牙妈妈带着牙牙阅读了一篇篇竺可桢爷爷写的物候观察日记，深受感动和鼓舞，我们决定也仿照他的做法，选定区域进行定点观察。

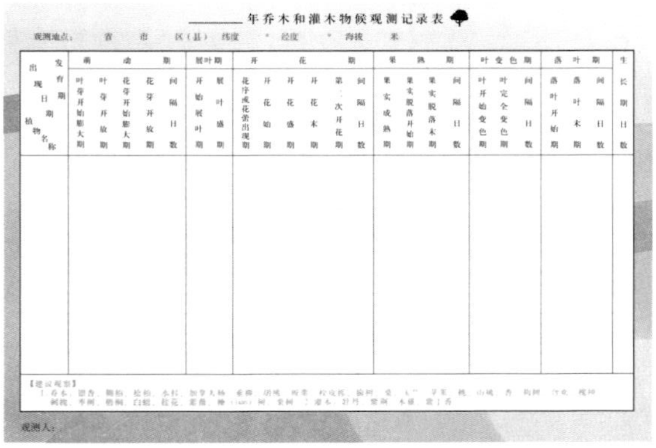

植物物候观测记录表
（详见《这就是二十四节气自然笔记本》）

牙牙的植物标识牌

- 如何选择观察地点？

牙牙爸爸说，就近原则，现在人们生活节奏快，每天跟大自然接触时间少，所以方便观察很重要。不舍近求远，才容易做到坚持。

因此，牙牙选择从家到学校之间道路两边的植物进行观察。牙牙妈妈和爸爸选定办公室附近的小河边（中午饭后散步的去处）、苏州科技城小茅山公园（早上路过）、智慧谷公园（周末一家人去一次）。

- 观察什么物候？

牙牙说，植物就在我们身边，而且不会跑来跑去，随时随地可以观察。因此，我们决定，从观察选定区域的植物开始。

- 怎样观察植物物候？

牙牙犯难了：这么多植物能观察过来吗？

牙牙妈妈也有同样的困惑，于是，专门向植物学专业的老师请教。

老师建议：

一、选择常见植物观察，按照木本植物（乔木、灌木）、草本植物分类观察。

二、选定植株观察，最好为它挂上标识牌。

三、坚持观察一年，记录下植物全年生长变化的规律。

四、关注每种植物最初开花的时间，记录下来，统计全年什么花在哪个节气开始开放的数据。多年观察后，可以绘制所在地的《节气花期图》。

五、特别观察所在地种植了什么行道树，思考为什么。

六、寻找一块农田，或者自创阳台农田，种植农作物，进行观察。

七、留意不同植物开花状态与周围生态环境变化的关系，进行总结。比如：苏州金鸡菊盛放时，夹竹桃始开，油菜荚果黄熟，麦子熟，枇杷黄。

记录海棠

观察海棠

观察油菜农田

拍照记录银杏（行道树）

做观察笔记

总结物候变化关系：金鸡菊盛放，麦子熟

如何记录节气观察笔记？

牙牙妈妈说，记录方式可以多种多样，这样做出来的观察笔记才会丰富多彩。

牙牙抢着回答，爱画画的她一定要用手绘方式记录观察笔记。

扫码阅读

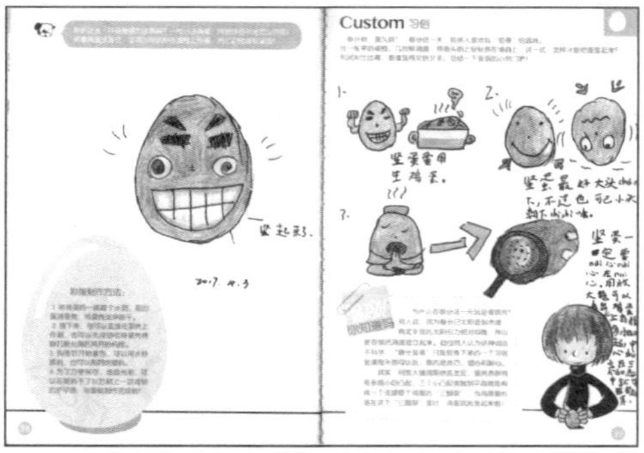
Custom 习俗

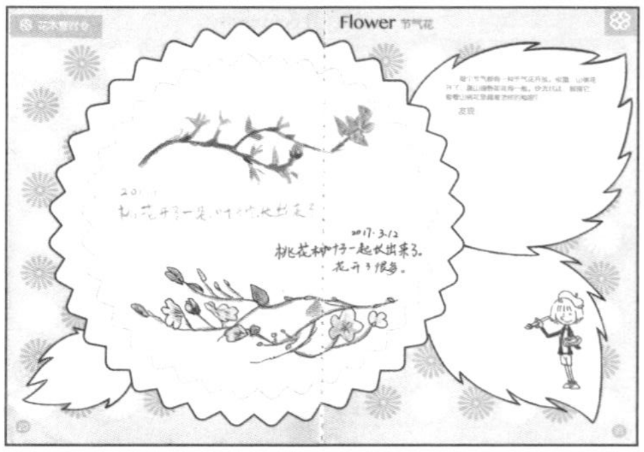
Flower 节气花

牙牙的手绘节气笔记

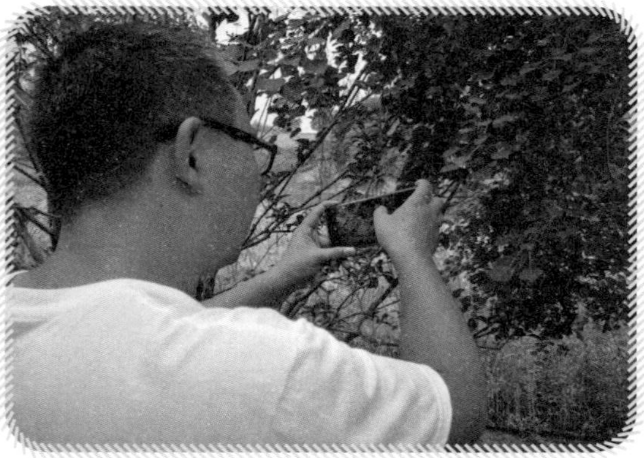

牙牙爸爸用照片和视频记录

扫码观看

牙牙爸爸说，他还是像竺可桢爷爷一样，用眼睛观察，用文字记录。同时用摄像机记录一些典型的物候特征，如鸟鸣等。

牙牙妈妈选择用手机拍照方式，留住每一棵观察植物的生长变化形态，然后用文字做简短描述，并发布在微信朋友圈，供自己和更多关注节气物候的朋友学习参考。

中科知成绘本–高春香
2019-4-8，清明一候第四天，晴，苏州科技城，最高温29.5度。金鸡菊始花。朴树结种，无患子新叶出。桂花种变紫，蚜虫开始泛滥，瓢虫忙碌。背光的女贞叶、洒金东瀛珊瑚叶真美。香樟，春天里落叶，别有一番滋味。
春的忙碌，让自然感动。

牙牙妈妈的朋友圈“物候志”

记录多久就可以了？

牙牙开始兴致勃勃地观察记录了。她还不知道，节气物候观察要以年为单位进行记录。必须记够一年，才算一个完整的周期。

牙牙爸爸说，因为每一年的自然条件都在变化，即使相同的花，在不同的年份开花时间也不一样。所以，如果想做系统的研究，这样的观察是没有时间止境的。

物候学是一门古老的学问。早在原始农业时期，人们就开始认识掌握动植物生长活动的一些规律，并将其与气候变化联系起来，从而识别季节，指导生产生活实践。中国最早的物候记载见之于《夏小正》，其中有一些夏代物候、气象的经验认识。《诗经》《礼记·月令》中亦有关于降霜下雪、河开河冻、开花结果、候鸟往来的物候记载。《逸周书·时训解》详细总结七十二候，形成七十二候和二十四节气结合的完整系统。我国历经数千年积累的丰富材料，为世界其他国家所不能及。

竺可桢爷爷终身亲自从事物候观测。他在北京从1950年起直到去世前一年（1973年）一直孜孜不倦，最终完成了北京二十四年的物候记录，这些宝贵的数据为他的研究提供了科学的依据。

所以，任何物候学论断的得出，都离不开常年的观察和数据的积累。科学素养的基本养成，就是要从坚持观察和记录开始。

有了气象卫星和天气预报，物候观察还需要吗？

观察并记录了春天的六个节气，夏天到了，烈日炎炎，牙牙继续观察到芒种节气，有些不情愿继续了。她不禁问妈妈，气象卫星现在就能预知天气变化，物候观察还需要吗？这样的观察太累，太无聊了！

这个问题，不仅牙牙在问，很多家长也问过。

牙牙妈妈阅读了竺可桢爷爷写的很多关于物候学的文章，从他写的《一门丰产的科学 —— 物候学》文章里找到了一些答案。

（一）大自然的语言

物候观测使用的是“活的仪器”，是活生生的生物。它比气象仪器复杂得多，灵敏得多。

……

北京的物候记录，1962年的山桃、杏花、苹果、榆叶梅、西府海棠、丁香、刺槐的花期比1961年迟十天左右，比1960年迟五六天。根据这些物候观测资料，可以判断北京地区1962年农业季节来得较晚。而那年春初种的花生等作物仍然是按照往年日期播种的，结果受到低温的损害。如果能注意到物候延迟，选择适宜的播种日期，这种损失就可能避免。

……

（二）（物候学）作用很大

……

物候学的资料也可以帮助人们对害虫进行斗争。害虫的产生是有一定时期的。假如利用物候图使农作物的播种期提早或延迟若干天，往往能减轻或避免害虫的侵害，增加作物的产量。例如二十世纪初，美国小麦害虫海兴蝇极为猖獗，美国农业部利用物候图使各地小麦播种期延迟了若干天，避免了这种害虫，增加了小麦的产量。

这一方法近来也曾应用于我国而得到结果，我国广东潮汕地区，过去螟虫危害水稻严重，近来把水稻提早下种，等螟虫大量出现时，稻子已可以收割，这样就避免了螟害。

……

牙牙听完，若有所思，去厨房把用盐水浸泡了二十分钟的杨梅端到了餐桌上。她惊奇地说，今年的杨梅居然没有果蝇幼虫。牙牙妈妈凑近一看，确实没看到虫子。妈妈和牙牙展开讨论。从今年的物候观察来看，很多花开的时间都比去年和前年有所推后，杨梅的采摘也应该比去年晚了一些时间，是不是有可能我们采摘的时间提早了，所以，才让不太成熟的杨梅里没有像以往一样藏了很多果蝇的幼虫？牙牙听着觉得有道理，但这只是推论，还需要请教专家来证实。

看来，生活中有很多例子都能证明物候学还是非常有用的，只是我们需要用心留意。

物候观察是不是只有中国人在做？

牙牙很自豪自己长期坚持跟着妈妈学习观察记录物候，可她还想知道，世界这么大，其他国家有没有人也和她一样在坚持做这件事。

牙牙妈妈为牙牙的这个问题竖起了大拇指。

牙牙妈妈查阅了竺可桢爷爷写的《物候学》，其中一篇关于“世界各国物候学的发展”的文章回答了牙牙这个非常棒的问题。

两千七百多年前，中国古人总结出了二十四节气，到了汉朝，为了更准确地指导农业，又总结出了七十二候，这都是物候学在中国早期的发展。

与此同时，两千多年以前，希腊时代，雅典人已尝试制作了一年物候的农历。到了罗马凯撒时代，还颁发了物候历以供应用。到了十八世纪中期，植物学分类创始人林奈完成了《植物学哲学》一书，提出了物候学的任务，并在瑞典组织了十八个地点的观测网，观察植物的发青、开花、结果和落叶的时期。

其实，在林奈时代以前，欧洲各个国家也有个别人观察物候并保存了记录，如英国诺尔福克地方的罗伯脱·马绍姆，从1736年起，开始观测当地十三种乔木抽青、四种树木开花、八种候鸟来往，以及蝴蝶初见、蛙初鸣等二十七种物候项目。当罗伯脱去世后，他的家族有五代人连续观测，直到二十世纪三十年代，期间只缺二十五年（1811—1835年），这是欧美年代最久的物候记录。

日本从812年（我国唐宪宗元和七年）开始，即断断续续地有樱花开花的记录，迄今为止已达近一千两百年之久，这无疑是世界最长久的单项物候记录，但所记录只限于樱花一个项目。

在我国，南宋时期在浙江金华，有个人叫吕祖谦，他做了两年金华物候实测工作，详细记载了蜡梅、桃、李、梅、杏、紫荆、海棠、兰、竹、豆蓼（liǎo）、芙蓉、莲、菊、蜀葵、萱草等二十四种植物开花结果的物候，以及春莺初到、秋虫初鸣的时间。这是世界上最早凭实际观测而得到的物候记录，除中国外，别的国家都没有保存十五世纪以前实测的物候记录。

牙牙听完，有种兴奋，她说，说不定自己对苏州科技城的物候观察，也能被写进物候观察的历史当中，想着未来人在翻看自己的物候笔记，感觉自己好了不起！

牙牙妈妈说，能被记入历史的，都是那些有毅力、有耐心、长年坚持不懈观察记录的人们。你够坚持，你就一定能被载入史册。

要做自己的节气书！

牙牙现在已经信心满满，她看着自己已经记录的观察笔记，下决心这一年要好好坚持下来。每一年自己都要补充、完善前一年的记录，并看看有什么新发现。等把二十四个节气笔记本都记录满时，它们就是自己的节气书。

我说，我也要记录一本自己的节气书。

牙牙爸爸说，他也要记录自己的节气书。

当每一个中国人都像我们一家一样，记录节气物候，所有人的节气书集合起来，就是一本大大的《中华节气博物志》；当全世界的人们都记录物候观察笔记，地球人的所有笔记集结成册，就是一本厚厚的《地球日志》。这本书不仅博物，而且常新。

牙牙说，光看不行，光说也不行，想到就做到。从现在开始，要行动起来，观察记录起来了！

我们已从一棵棵植物开始，已经观察了近三年的植物物候。我们清楚地知道了苏州科技城每一种花会在哪个节气开放，并制作了《一座城的二十四节气》明信片及《花开苏州——苏州科技城花期图》。观察植物的时候我们顺便也观察了很多动物的成长变化，我们知道春分节气马陆出现，惊蛰未听到青蛙咕咕叫，清明见到戴胜鸟，立冬后依然听得到蟋蟀叫。我们还每周末去观察科技城的一块农田，在那里，我们悉心地观察了两年小麦和一年的油菜生长变化，还选择了一块农田，芒种节气亲手去插秧。

坚持观测，让我们知道了自然界的无穷奥妙，也慢慢明白，要近距离接触大自然，对话大自然，才能逐渐听懂大自然的语言。

绘制节气花期图

不知不觉，带着牙牙观察苏州科技城自然物候已将近三年时间了，这期间我们一起发现了很多花开的秘密。

你知道枇杷会在什么节气开花？牙牙每次做节气自然笔记分享时，都会神秘地用这个问题问同学、问家长。很多人吃过枇杷，却很少关注它何时开花。能发现这些很多人关注不到的奥秘，牙牙觉得很有成就感。随着观察的花逐渐增加，我们想到，如果把苏州每个节气开放的花做成一幅花期图，不是更加一目了然吗？

由于自然界花草树木对温度感知最为敏锐，其生长动态也与节气息息相关。从小寒到谷雨，气温变化大，每隔一候差不多有一种花开，风雅的古人总结编写了一首“二十四番花信风”，他们找出了 24 种在这几个节气开放的花，将植物感知季节的本领归结为“风”，诗意地认为是风带来了开花的讯息。

为此，牙牙和妈妈梳理了苏州科技城三年的植物花开时间，绘制出了这幅专属于苏州科技城的花期图。

即使是同一株植物，受不同年份气候的影响，每年花开的时间也不一样，这张《花开苏州——苏州科技城花期图》参考的是 2017—2019 年始花的平均时间。

此外，开花时间易受区域小气候影响，即使是同一个年份，在同一个城市的不同地区，同样的植物开花时间也不一样。所以，生活在不同地方的人们，都可以绘制出一幅属于自己所在地的花期图。

快快行动起来吧，你的身边也有那么多花儿等着你去关注它们呢！

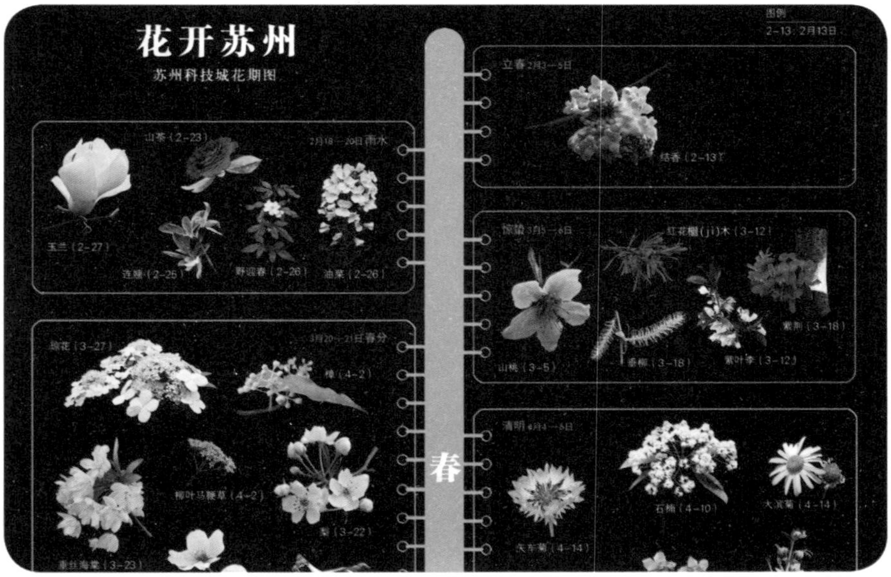

《花开苏州——苏州科技城花期图》（局部）

记录家乡节气美食

在苏州，牙牙总自豪地说，“上有天堂，下有苏杭”，自己就生活在天堂里。在这里，不仅每个节气有花开，而且，每个节气都有新鲜的食材上市，用它们做成风味独特的节气美食，真是太可口美味了！牙牙请小许哥哥把苏州的节气美食都画出来了，一起瞧瞧吧！

苏州时令美食

立春 菜尖

立夏 蚕豆

立秋 鸡头米

立冬 橘子

雨水 荠菜

小满 枇杷

处暑 红菱

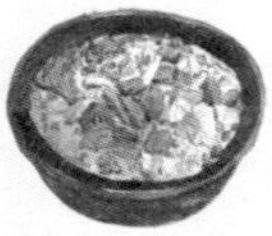
小雪 藏书羊肉

惊蛰 青团子

芒种 粽子

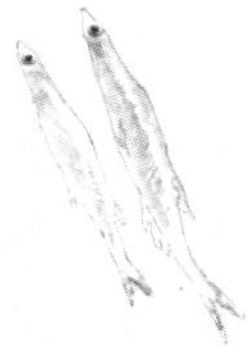
白露 银鱼

大雪 茨菇

春分 香椿

夏至 杨梅

秋分 白果

冬至 冬酿酒

清明 碧螺春

小暑 绿豆汤

寒露 桂花糕

小寒 腊八粥

谷雨 黄花鱼

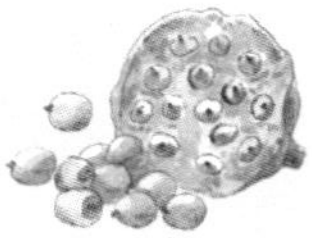
大暑 莲子

霜降 香芋

大寒 蛋饺

体验农耕智慧，了解衣食来源

牙牙妈妈总向牙牙提及自己的童年，尤其是暑假在西瓜地里看瓜，跟着姥爷学习农作物管理的故事。从妈妈绘声绘色的讲述里，牙牙才知道种田还有这么多讲究和门道：

1. 西瓜蔓的旁枝要摘掉。每株西瓜蔓可以长出很多旁枝，但为了让主枝上的西瓜充分地长成大西瓜，就要及时掐掉旁枝。但是，偶有旁枝结出了西瓜，也会把它留下来，姥爷说，虽然旁枝结出的西瓜长不大，但熟了特别甜。

棉花“脱裤子”

2. 要给棉花“脱裤子”。为了棉花株与株之间通风好，有足够的生长空间，需要把棉花靠近底部的叶子全部拿掉。姥爷说，这是怕棉花热，给它们“脱裤子”呢！

3. 谷薅（hāo）一寸，赛如上粪。谷子苗长到一寸高时要间苗、锄草，也就是及时拔除一部分幼苗，留下壮苗，让苗与苗之间保持大约三寸宽的距离，这样谷子苗能有空间茁壮长大，获得更多的阳光、水分和养分。所以说，及时间苗比上粪施肥还重要呢……

牙牙听得入了神，不由得感叹，妈妈的童年真有意思，能和这么多农作物做朋友。牙牙妈妈说，管理农作物，不仅要科学，而且要讲究时令。农民伯伯把他们总结出来的时令知识和种田秘诀编成了许多朗朗上口的谚语，我国不但是历史悠久的农业大国，而且幅员辽阔，南北差异大，各个地方流传的农谚也不尽相同。读读这些谚语，就知道我们的先人是多么善于观察总结了。牙牙和妈妈一起搜集整理全国各地的谚语，并把它们按照不同的主题作了分类，一起来读读吧！

中国各地农谚

（选摘自《二十四节气农谚大全》，中国农业博物馆编，中国农业出版社，2016 年 12 月版）

立春

江苏：立春一日，百草回芽

上海：立春立在五九末，麦粒饱满像枣核

雨水

湖北：雨水不落，下秧无着

惊蛰

云南：惊蛰节令慢一慢，失落一年饭；惊蛰雷声响，当年梁满仓

春分

山东：春分至，把树接，种果人，没空歇

清明

山西：清明高粱谷雨花，最迟小满种芝麻

谷雨

河南：谷雨前后，种瓜点豆

立夏

湖南：立夏种芝麻，杆上尽是花

小满

甘肃：小满前后种糜子，谷雨前后种谷子

宁夏：小满大麦黄，收了大麦又插秧

芒种

新疆：麦见芒，一月黄；芒种灌满浆，夏至收小麦

安徽：芒种雷颠颠，梅雨十八天

江西：芒种雨涟涟，夏至旱燥天

夏至

内蒙古：夏至不种高山黍，还有十天小红糜

小暑

黑龙江：小暑大暑，快把草除；大麦不过小暑，小麦不过大暑

大暑

吉林：大暑前，小暑后，庄稼老汉种绿豆

台湾：大暑若不逢灾危，定是三冬多雨雪

立秋

四川：秋后甘蔗节节甜

辽宁：初伏打尖去棉头，立秋大小一起搂

处暑

青海：处暑的雨，粕了秕（bǐ）

白露

河北：白露打核桃，秋分下鸭梨

北京：白露见谷趟（“谷趟”指谷子割倒成行）

天津：白露过去是秋分，霜打残花不由人

秋分

浙江：秋分菱角舞刀枪，霜降山上柿子黄

寒露

安徽：寒露收割罢，霜降把地翻

江西：寒露到，割秋稻；霜降到，收糯稻

霜降

陕西：霜降不挖葱，越长越心空

立冬

贵州：立冬刮北风，小雪冻死虫

小雪

重庆：小雪收白菜，大雪捆菠菜

大雪

福建：大雪后，一百二十天涨大水

广西：大雪过来是冬至，长叶生菜爬满地

冬至

福建：冬至前犁金，冬至后犁银，立春后犁铁

小寒

广东：小寒遇东风，冷死万年种

大寒

海南：大寒牛下塘，冷死早造秧；大寒东风，五谷丰登

其他农谚

（选摘自《中国农谚》（上下册），农业出版社编辑部，农业出版社，1987年4月第一版）

1. 物候

湖北：鹊鹊叫，丰收兆

北京：布谷来得早，糠多粮食少

江苏：田家无五行，水旱卜蛙声；上昼叫，上乡熟；下昼叫，下乡熟；终日叫，上下乡都熟

山东：夏至田鸡叫午前，高田有大年；夏至田鸡叫午后，低田不要愁

江苏：要看五谷，先看五木

广东：树上空，地下浓；树上有果，地下无禾

河南：枣多年岁熟，梨多年岁荒

河北：槐树不开花，秋季歉收

广西：苦楝落叶又出芽，脱掉棉衣种棉麻

广东：木棉花未开，冷天还会来；木棉花开齐，有冷也不大

河南：荞麦开花热死牛

2. 农事

种子：宁要一斗种，不要一斗金

土壤：土能生万物，地可发千金

肥料：庄稼一枝花，全靠粪当家

水：土是根，肥是劲，水是命，种是本

虫害：春分虫儿遍地走，防治虫害早动手；杏花谢，梨花开，小麦拔节蝼蛄来；木槿叶绿，棉蚜孵化；垂柳飞絮，棉蚜迁飞；草是百谷病，不锄要送命；霜降到立冬，翻地冻害虫；倒茬换种，消灭病虫

3. 作物

水稻：芒种插秧是个宝，夏至插秧是根草

小麦：麦黄三日，稻黄三十

玉米：玉米带上豆，上下一齐收

红薯：薯土要深挖，红薯长得大

大豆：青蛙打鼓，豆子入土

油菜：早栽栽根，迟栽栽心

花生：落花生，落花生，落花果就生

棉花：棉花不打杈，光长柴禾架

芝麻：麦捆根，谷捆梢，芝麻捆在正当腰

4. 菜

春分栽菜，大暑摘瓜

头伏萝卜二伏缨，三伏长个萝卜丁

处暑萝卜白露菜，深种茄子浅栽葱

立秋种，处暑栽，立冬前后收白菜

端午不在地，重阳不在家（大蒜）

寒露一到百草枯，薯类收藏莫迟误

5. 果树

正月施肥长花，七月施肥长果，冬季施肥长树

九尽花不开，果木得满结

桃三杏四梨五年，枣树结枣在当年

七月枣，八月梨，九月的柿子上满集

枇杷开花吃柿子，柿子开花吃枇杷

6. 花

移花有时，莫叫花知

七九八九，种花插柳

春分分芍药，到老不开花

春接海棠夏接桂，秋接茶花冬接梅

三分四插五断头，七八九月粪水流（菊花）

谷雨三朝看牡丹，立夏三朝看芍药

六月六日种茉莉，双瓣重合香扑鼻

霜降霜降，移花入房

立冬花衰护根苗，剪枝壅土根覆草

7. 其他植物

茶树：七挖金，八挖银，不挖茶园成草林；秋冬茶园挖得深，胜于拿锄挖黄金

竹子：三月笋子出，日夜标一尺；清明挖笋，谷雨长竹

芒种插秧初体验

牙牙爸爸去北京的全国农业展览馆参观，看到了一个丰收鼎，上面写着：中国人的饭碗牢牢端在自己手中。原来这句话是国家主席习近平说的。牙牙爸爸特意将丰收鼎拍了照片回苏州后与牙牙和牙牙妈妈分享。这句话，含义深刻，它提醒我们每一个中国人要关注食物的来源，知道农业生产的重要性。

为此，芒种时节，牙牙妈妈专门带着牙牙和牙牙班级的小伙伴一起下田插秧，让小朋友们明白“春种一粒粟，秋收万颗子”的道理，更要让他们懂得“锄禾日当午，汗滴禾下土”的农作辛苦。

插秧结束，牙牙和小伙伴们为插秧的水稻田立了一块专属于班级的牌子。牙牙妈妈给大家布置了一项任务，为自己插下的秧苗记录观察日记，看看从插秧的那天起，一直到收割，它们会经历怎样的生长变化。

生活在苏州的牙牙和小伙伴们，欣然接受这项任务，开始观察苏州水稻、小麦、油菜、蚕豆的生长变化。

牙牙妈妈说，中国幅员辽阔，不同的地方适宜种不同的农作物，青海种青稞，山西种谷子，山东种高粱，河南种小麦，东北种大豆，新疆种棉花，南方种水稻……于是，妈妈带着牙牙又开始了新的调查研究，她们搜集了中国主要农作物的播种、成熟时间和生长变化过程，把它们绘成图表方便对照观察。

你所在的地方都有哪些典型的农作物呢？像这样把它们的生长变化观察记录下来，让不同地方的人们看看，咱们大中国的土地上生长着哪些农作物吧！

中国主要农作物生长过程图

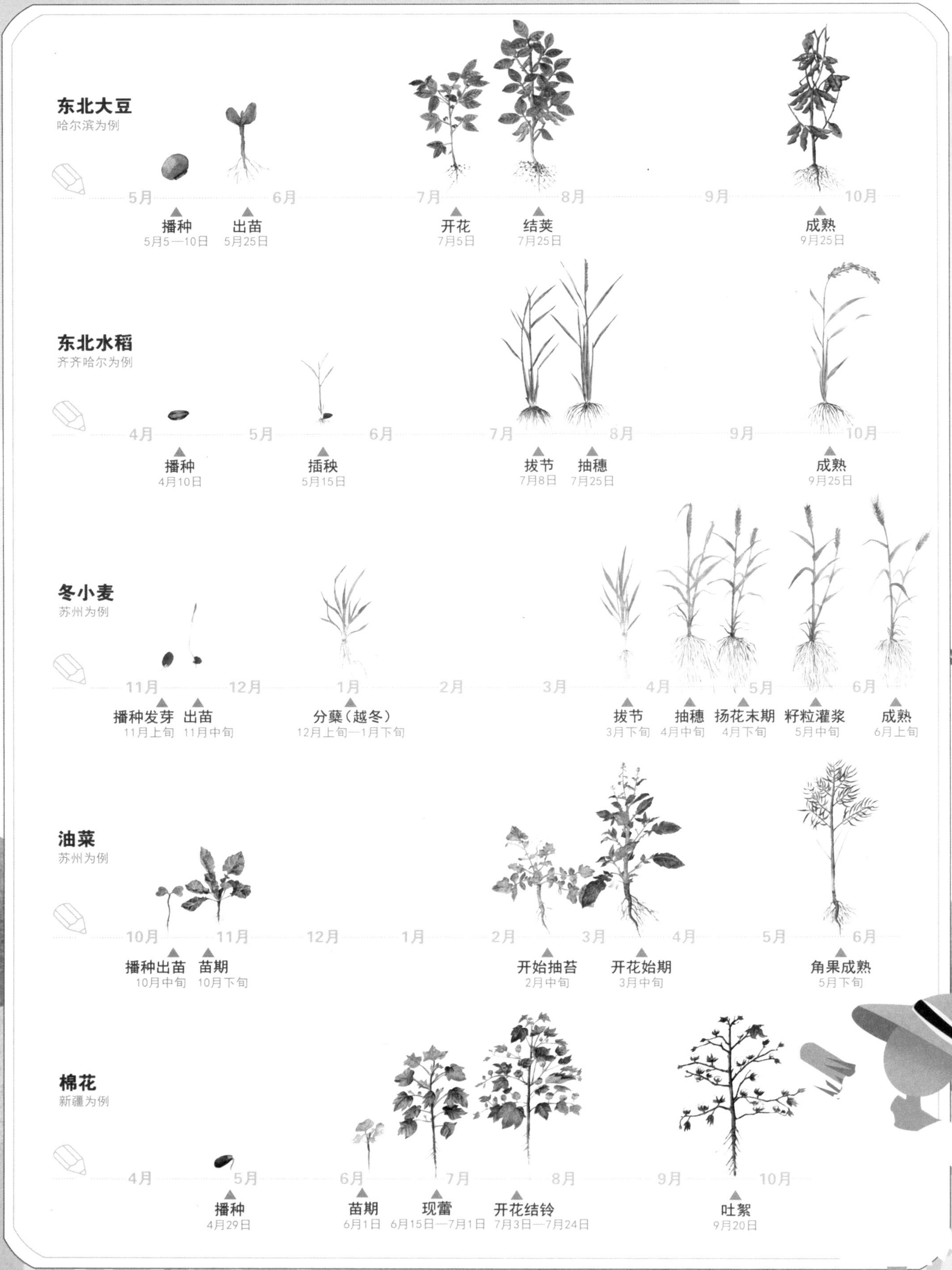
东北大豆
哈尔滨为例
5月 6月 7月 8月 9月 10月
播种 5月5—10日
出苗 5月25日
开花 7月5日
结荚 7月25日
成熟 9月25日
东北水稻
齐齐哈尔为例
4月 5月 6月 7月 8月 9月 10月
播种 4月10日
插秧 5月15日
拔节 7月8日
抽穗 7月25日
成熟 9月25日
冬小麦
苏州为例
11月 12月 1月 2月 3月 4月 5月 6月
播种发芽 11月上旬
出苗 11月中旬
分蘖（越冬） 12月上旬—1月下旬
拔节 3月下旬
抽穗 4月中旬
扬花末期 4月下旬
籽粒灌浆 5月中旬
成熟 6月上旬
油菜
苏州为例
10月 11月 12月 1月 2月 3月 4月 5月 6月
播种出苗 10月中旬
苗期 10月下旬
开始抽苔 2月中旬
开花始期 3月中旬
角果成熟 5月下旬
棉花
新疆为例
4月 5月 6月 7月 8月 9月 10月
播种 4月29日
苗期 6月1日
现蕾 6月15日—7月1日
开花结铃 7月3日—7月24日
吐絮 9月20日

观察记录节气自然笔记

我们接触到的老师和家长们普遍遇到一个难题，就是在读完书之后，不知道怎么去引导孩子观察实践。针对这一问题，我们一边收集更多读者反馈意见，一边构思设计，研发课程，又花了近两年时间，策划出版了 24 册《这就是二十四节气自然笔记本》，通过更加系统全面的项目引导、启发性的任务设计，为中国孩子开展节气教育、记录自然笔记提供了便利。

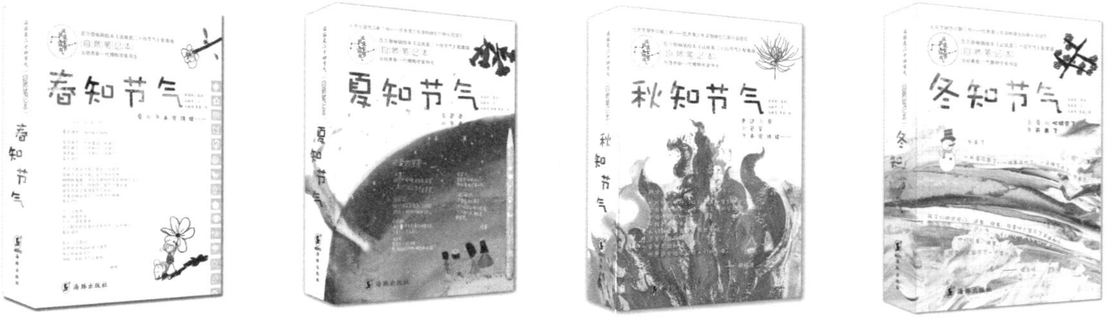

春知节气
夏知节气
秋知节气
冬知节气

《这就是二十四节气自然笔记本》全 24 册

每个笔记本都有固定的模块设置和完成建议，带着孩子摆脱钢筋水泥的禁锢，走进自然，观星、测日影，感受风霜雨雪，关注花鸟鱼虫，体验农事，察地理知民俗……让孩子在观测记录中轻松提高各项技能，养成记录习惯，培养科学思维和创造能力。

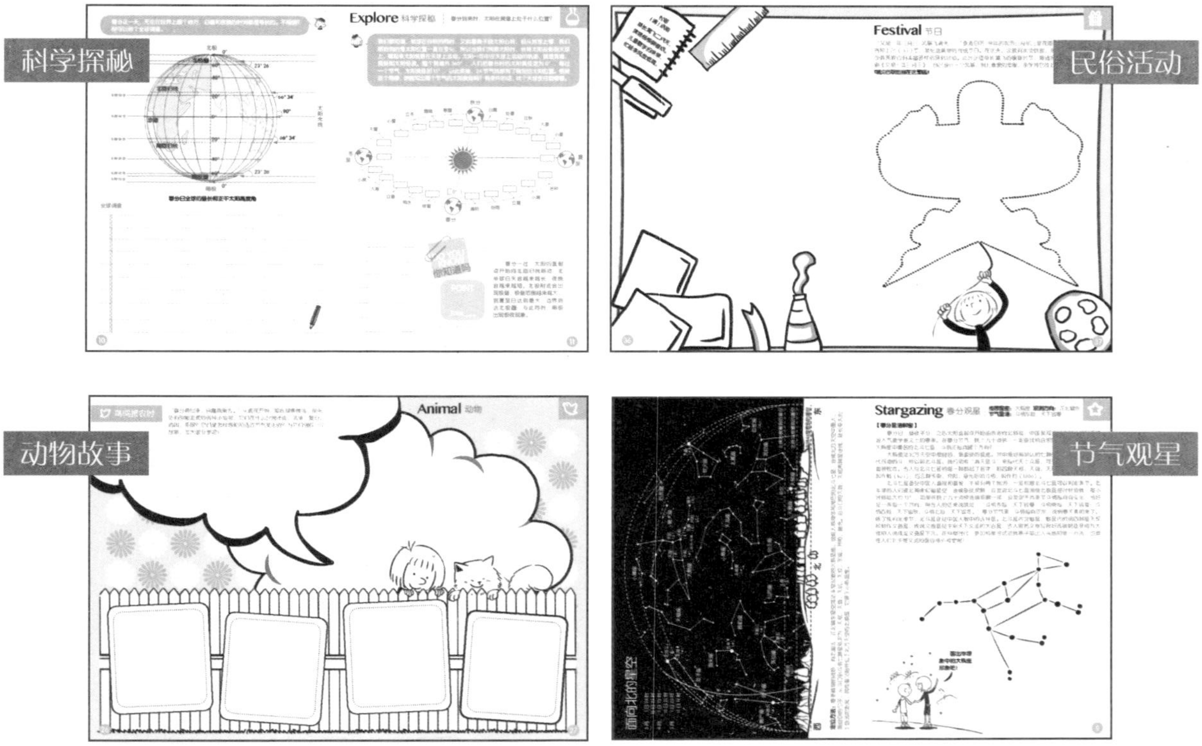

科学探秘
Explore 科学探秘
民俗活动
Festival 节日
动物故事
Animal 动物
节气观星
Stargazing 春分观星
面向北的星空

笔记本部分内页样式

这套笔记本可以伴随孩子成长过程的很多年，根据孩子认知水平的提升不断地去丰富和深化笔记上的内容。不少家长感叹，孩子是在记录自然变化，而父母是在陪伴孩子成长。

优 秀 节 气 笔 记 作 品 赏 析

黑龙江省安达市徐嘉颖老师节气笔记作品

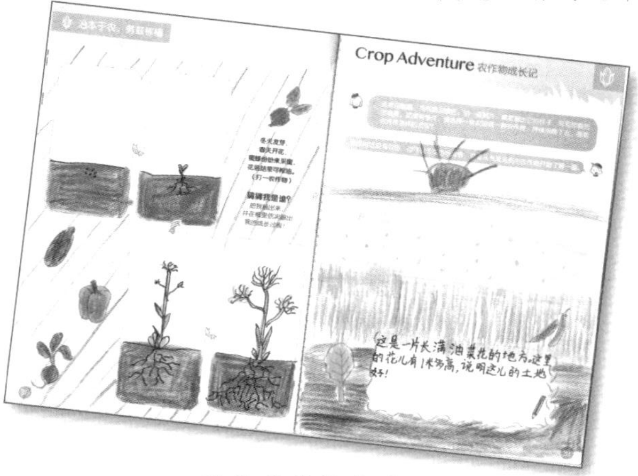

梁芷萱笔记作品

袁俪严笔记作品

加入二十四节气自然学院

二十四节气蕴藏着丰富的科学内涵和生活智慧，在科技迅猛发展的今天仍意义深远。

我们倡议大家共同加入二十四节气自然学院。这是一所没有围墙、可以移动、终身学习的乐园。它以万物为启蒙，以自然为导师，以节气为作息，崇尚知行合一。在这里，人人都可以成为二十四节气的续写者和传承者。孩子们在全家总动员、全民参与共享的氛围中，更利于从小培养科学素养和实践能力，体会到人与大自然紧密相连的感情。相信孩子们在得到这些滋养后能够不忘来路，走得更远。

如果您想加入二十四节气自然学院，获取更多的学习资源和活动信息，请扫码关注“这就是二十四节气”微信订阅号和“中科知成”微信公众号。

“这就是二十四节气”微信订阅号

“中科知成”微信号

把节气课引入学校，让每个中国的孩子从节气教育中受益

牙牙是《这就是二十四节气》绘本里的小主人公，从她上二年级开始，他们的班级就开设了节气课程。牙牙和她的小伙伴们，跟着老师一起测日影、观星空、参观气象局；一起观察植物、动物、做节气自然笔记；一起做节气民俗活动，春分立蛋、立夏编蛋兜挂蛋、秋分做兔子灯；一起在行知农场里播种，在农田里插秧、捡麦穗；一起绘制完成二十四节气花明信片。他们是中国最可爱的节气小使者！

节气自然笔记展

立秋观星

小雪给树干涂白

惊蛰制作水果电池

春分立蛋

冬至测日影

清明制作简易风向标

慢慢地，牙牙的学校——苏州科技城实验小学校（下称“科实小”）不仅开设了节气社团课，而且把课程带入到了各个班级，由校长牵头组建二十四节气课程开发团队。在中国科学院地理科学与资源研究所研究人员的指导下，经过三年多的打磨实践，节气课程体系日趋完备，科实小成为以二十四节气为特色进行小学综合实践课教学创新的先行者。

《二十四节气课程开发与实施》春夏卷、秋冬卷

2020年2月和8月，苏州科技城实验小学校校本课程指导用书《二十四节气课程开发与实施·春夏卷》及《秋冬卷》相继由海豚出版社出版。这是国内第一套由一线教师编撰的节气课程教学指导用书。它以每个节气为授课单元，结合STEAM课程开发和项目式学习理念，用“教案+视频”的呈现方式，生动完整地还原了节气课程实施全过程。

这套书既是科实小近年教研成果的呈现，体现了学校深耕节气教育的热枕与创新精神，同时也是一份送给广大家长和孩子的礼物，可供全国对节气教育感兴趣的教育工作者参考使用。课程开发及图书出版团队希望以该书为载体，帮助全国各地更多学校深入开展节气教育，让孩子们从中受益，感受中国文化的源远流长，续写二十四节气的新篇章。

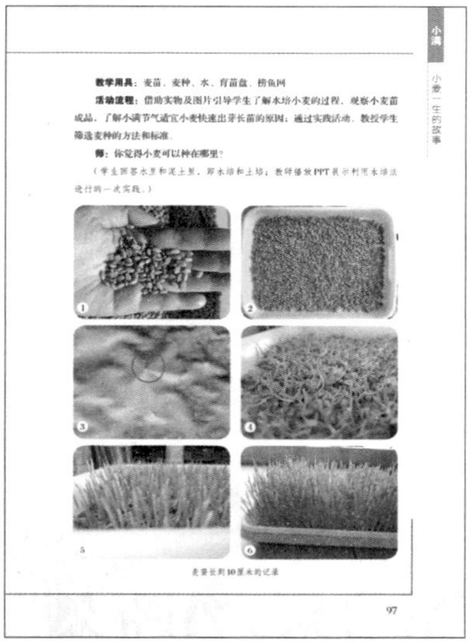

小满节气课程教案，摘自《春夏卷》

小满节气课程视频

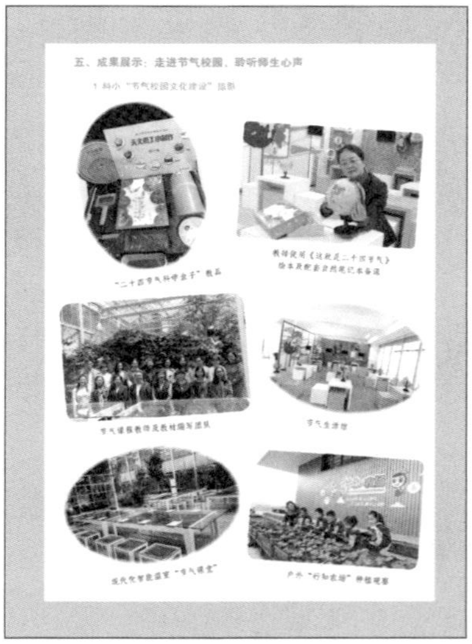

节气校园文化建设，摘自《秋冬卷》

更多学习资源

学课程： 沪江网《这就是二十四节气》网络公益课程

自 2016 年立春开始，高春香老师在沪江网上开设了免费公益课堂《这就是二十四节气》，每个节气日的当天晚上，牙牙一家人带领全国各地的节气爱好者一起探秘节气。来自全国各地的家庭、学校在线听课，实时互动，参与到节气教学研讨、活动设计和实践中来。来看看这个没有围墙的大课堂，在一年当中发生了哪些好玩的事情吧！

高春香老师在沪江网授课

扫码收看

听故事： 听牙牙讲二十四节气故事

2017 年立春开始，《这就是二十四节气》主人公牙牙做客苏州新闻广播电台 FM91.1《亲亲故事会》栏目，她与主持人苏聆姐姐一起，精心录制了全年的《听牙牙讲二十四节气故事》，通过电波，让更多的小朋友去了解节气里的那些有趣故事。

牙牙和苏聆姐姐录制节目

扫码收听

看视频： 春天姐姐播讲的《这就是二十四节气》绘本故事

中央人民广播电台《小喇叭》节目主持人春天姐姐为小朋友们精心录制了 28 集的《这就是二十四节气》绘本故事。您可以扫码观看或手机下载“央视频”APP，搜索并关注“小喇叭讲故事”账号，在“分类”中找到春天姐姐为《这就是二十四节气》录制的视频合辑。春天姐姐会带你走过春夏秋冬，去体验和发现节气里的神奇变化！

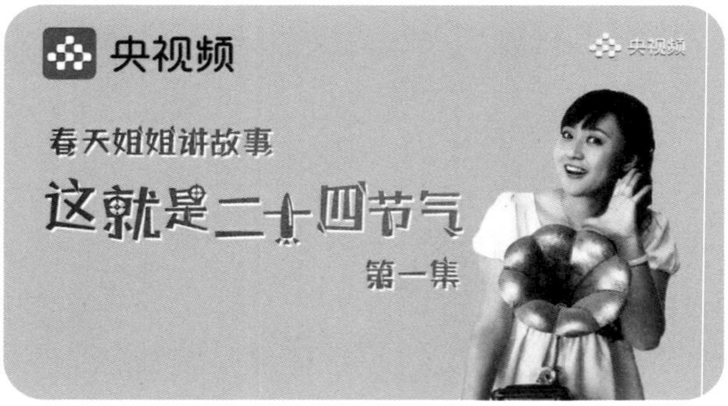

《春天姐姐讲故事：这就是二十四节气》

扫码收看

唱歌曲：《这就是二十四节气》主题歌

这首绘本同名主题歌几易其稿，创作打磨了近两年时间，终于与大家见面了。歌曲由牙牙一家作词，牙牙的吉他老师、音乐人张尧作曲，牙牙的同学、天生一副好嗓子的张煊皓小朋友演唱。

与传统《节气歌》不同，这首歌融入了牙牙一家观察探索记录节气的真实体验，歌词中不仅有节气的名称，还把二十四节气中最需要被了解和传承的文化基因和科学内涵提炼出来，朗朗上口，通俗易懂。大家可以扫码收听歌曲，更可以跟随伴奏演唱这首好听的节气之歌。

扫码收听歌曲

扫码获取歌曲伴奏

学英文：《这就是二十四节气》英文版绘本朗读音频

为了让外国朋友也能了解中国的二十四节气，让我们的孩子从小学会用各国语言向世界介绍和传播我们的节气文化，海豚出版社正在陆续推出多语种的《这就是二十四节气》绘本，目前英文版、阿尔巴尼亚文版、乌克兰文版、罗马尼亚文版已经正式出版发行。您可以扫描下方二维码关注微信订阅号"这就是二十四节气"，回复"24"，获取英文版绘本音频，一边学节气，一边学英文。

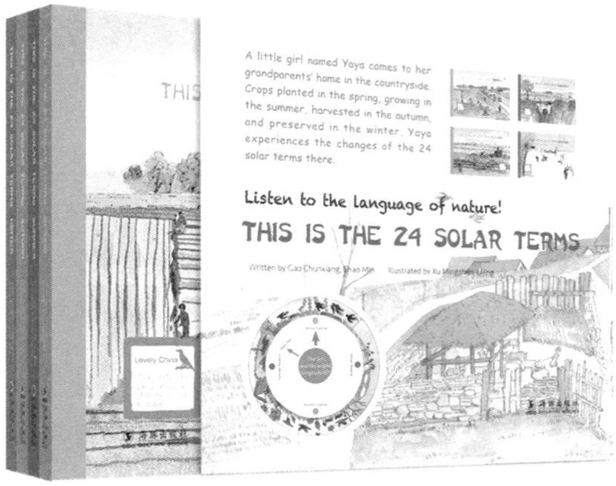

《这就是二十四节气》英文版

扫码获取资源

春雨惊春清谷天，
夏满芒夏暑相连，
秋处露秋寒霜降，
冬雪雪冬小大寒。

听牙牙讲节气故事
与作者交流答疑解惑
二十四节气自然学院等你来

可爱的中国

第一部原创中国地理科学绘本

这就是二十四节气·秋

高春香 邵敏 / 文　许明振 李婧 / 绘

海豚出版社
DOLPHIN BOOKS
CICG 中国国际传播集团

新世界出版社
NEW WORLD PRESS

图书在版编目（CIP）数据

这就是二十四节气．秋 / 高春香，邵敏文；许明振，
李婧绘．-- 2版．-- 北京：海豚出版社，2019.9（2023.12重印）
ISBN 978-7-5110-4759-5
Ⅰ．①这… Ⅱ．①高… ②邵… ③许… ④李… Ⅲ．
①二十四节气－儿童读物 Ⅳ．① P462-49
中国版本图书馆CIP数据核字(2019)第171078号

致 谢

本书在出版过程中，得到以下专家学者的悉心指导审阅，谨向各位致以诚挚的谢意：
刘夙，上海辰山植物园工程师；曾刚，中国科学院植物研究所博士；
同小娟，北京林业大学气象学博士；李晓燕，中国科学院心理研究所超常儿童研究中心。

这就是二十四节气·秋

策划：张忍顺 齐德利
高春香 邵敏／文 许明振 李婧／绘

出版人：王磊
策划编辑：吕晖 王然 特约编辑：吴蓓 责任编辑：王然 美术设计：丁卉 责任印制：于浩杰 蔡丽
法律顾问：殷斌律师
出版：海豚出版社
地址：北京市西城区百万庄大街24号 邮编：100037
电话：010-68325006（销售） 010-68996147（总编室） 传真：010-68996147
印刷：天宇万达印刷有限公司
经销：全国新华书店及各大网络书店
开本：16开（889mm×1194mm） 印张：11 字数：100千
版次：2015年9月第1版 2019年9月第2版 2023年12月第25次印刷 印数：1007621 ~ 1035120
标准书号：ISBN 978-7-5110-4759-5
定价：150.00元

秋天一到，牙牙可要忙坏了！她每天一起床就跑到葡萄架下，看看青青的葡萄有没有长大；再跑到桃树下，看看桃子有没有变红；然后再跑去菜园里，看看向日葵有没有结籽。

爷爷笑着说：“牙牙要变成观察大王了！我们可以画一个表格，把观察到的变化记录下来，看看它们是怎么长大成熟的。”

在爷爷的帮助下，牙牙很快制作了一张“秋天计划表”。

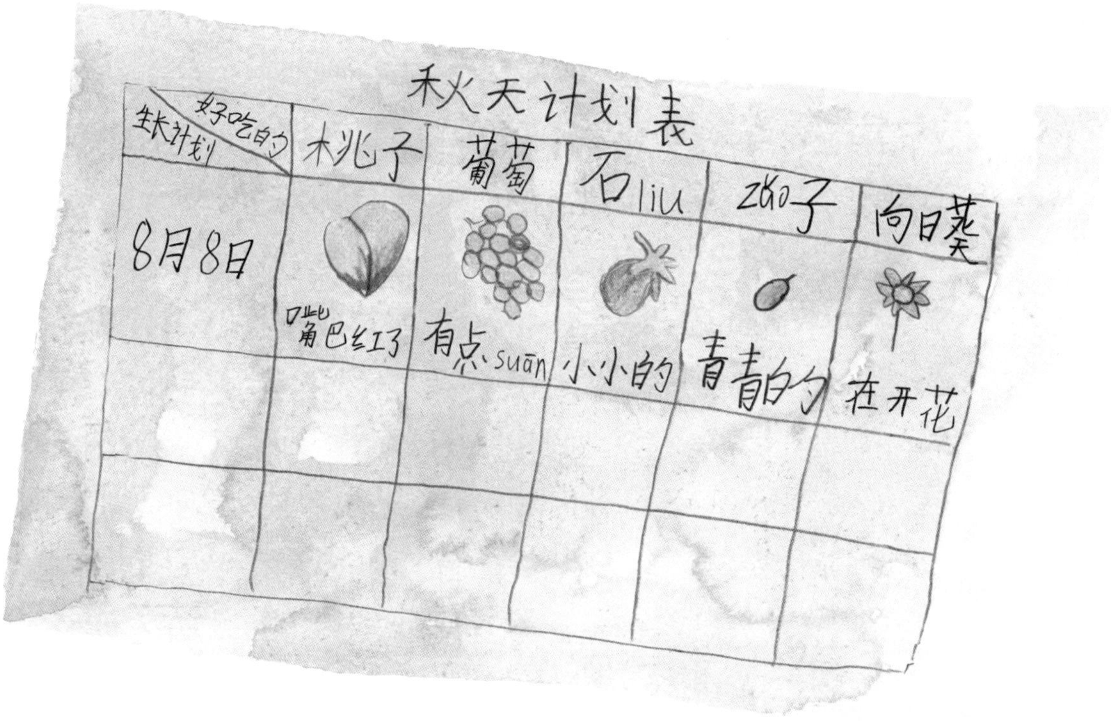

拾叶记

枫叶

桑叶

柳叶

大叶杨

叶子落了，牙牙遇见好看的总要捡几片，把它们带回家，夹在厚厚的书里。再过几天拿出来看，叶子已经压成平整的标本了，这样就能把今年的叶子保留好久。

银杏叶

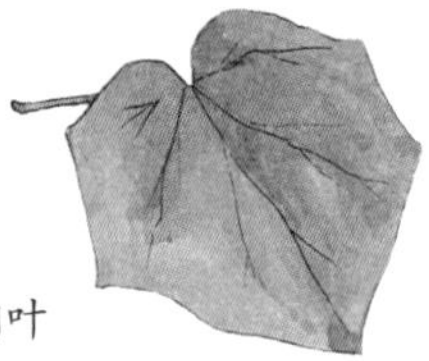
泡桐叶

每一片树叶都不一样，牙牙把它们拼在一起，做成好看的“树叶画”。

立秋

立秋时节里，最受欢迎的节日就是七夕节。这一天，村里的女孩子都会在院子里摆个桌子，放上瓜果和香烛，向织女祈求智慧和巧手艺。

牙牙一早就跟着奶奶去摘新鲜的桃子，奶奶还特意给牙牙摘了一朵大大的葵花，准备摆在桌子上。

立秋

立秋，时间点在8月7～9日之间。“秋”是禾谷成熟的意思，代表秋天是收获的季节。立秋是秋季的第一个节气，但此时暑气难消，离真正入秋还有一段时间。根据气象学的标准，当候（五天为一候）平均气温稳定在22℃以上时为夏季开始，10℃以下时为冬季开始，10～22℃之间为春季和秋季。判断一个地方是否入秋，只要看当地连续5天的平均气温是否稳定在10～22℃之间就可以了。

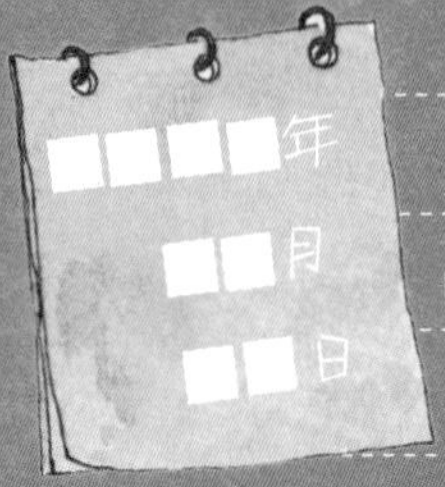

早上立了秋，
晚上凉飕飕。

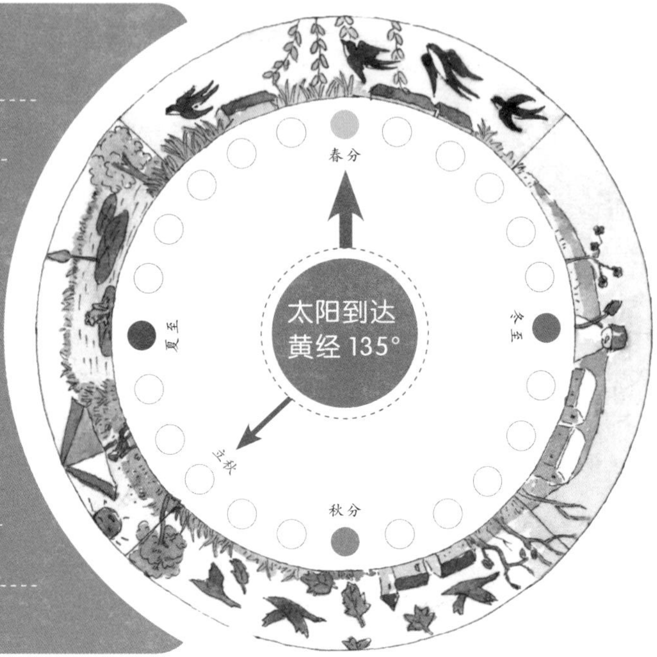

用画笔为温度计涂上刻度，
记下立秋这天的气温吧！

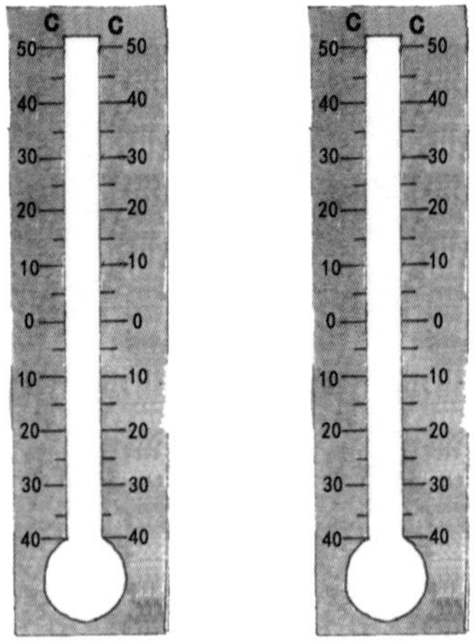

最高气温：______℃ 最低气温：______℃

秋老虎

立秋后，早晚开始变得凉爽，但白天依然炎热，三伏天的末伏就在立秋之后。农谚说：秋后一伏，晒死老牛。人们把立秋后短期回热的天气叫作“秋老虎”。此时我国大部分地区气温仍然较高，各种农作物生长旺盛。

立秋

［宋］刘翰

乳鸦啼散玉屏空，
一枕新凉一扇风。
睡起秋声无觅处，
满阶梧桐月明中。

葵花开

立秋时节，葵花正开得灿烂。它有着圆圆的花盘，金黄色的花瓣，长得像小太阳。它的花盘随着太阳东升西落而转动，所以被称为“向日葵”“朝阳花”。向日葵的茎秆直直的，叶子大大的，花盘会不停地吸收养分，越长越大，孕育出一颗颗小小的果实。到了深秋，人们便可以吃到美味的葵花籽了。

作物生长

红薯薯块膨大；棉花进入结铃盛期；玉米抽雄吐丝，进入开花、授粉、结籽的关键生长期；大豆结出了豆荚。

立秋三候

一候，凉风至

二候，白露降

三候，寒蝉鸣

桃子熟

桃子熟了，沉甸甸地挂在树上，让人真想马上摘一个尝尝。可桃子表面有很多毛毛，如果碰到皮肤就会使皮肤发痒，所以，摘完桃子记得先把手和桃子都洗干净，再美美享用吧！

乞巧节

你听过牛郎织女的故事吗？传说农历七月初七是他们在鹊桥相会的日子。每到这一天晚上，姑娘们会仰望星空，寻找银河两边的牛郎星和织女星，希望能看到他们一年一度的相会，祈求上天能让自己像织女那样心灵手巧，能有称心如意的美满婚姻，由此形成了“七夕节”，也叫“乞巧节”。

悬秤称人 贴秋膘

立秋这一天，民间流行用秤称人，把体重与立夏时对比，看看是否消瘦了。因为夏天天气热，人们容易没有胃口，饭食清淡简单，两三个月下来，体重大都要减少一点。秋风一起，胃口大开，想吃点好的，增加一点营养，补偿夏天的损失，补的办法是吃各种各样的肉，这叫“贴秋膘”。

秋 蝉

秋天到了，秋蝉卖力地鸣叫，随着秋天来临，它们的生命即将走到尽头。其实，蝉的寿命很长，但绝大部分时间都是在黑暗的地下度过的。蝉的一生，要经过卵、幼虫和成虫三个时期。

1. 雌蝉刺破树皮将卵产在嫩树枝里，嫩枝被刺伤后因为水分和养分不足而枯萎落地。

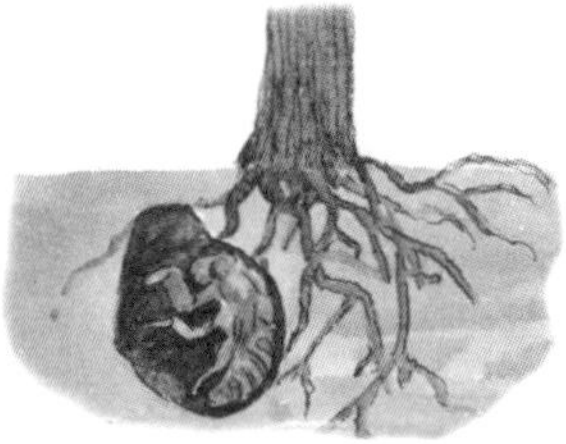

2. 卵孵化成的幼虫在地下靠吸食树根的汁液存活，少则两三年，多则十几年，它们在地下完成4~5次蜕皮。

3. 最后一次蜕皮前，蝉在黄昏或夜间钻出地面，爬到树上，抓紧树皮，准备完成“金蝉脱壳”。

4. 蝉外层的皮从背部中央裂开，头先出来，再露出身体和褶皱的翅膀，停留一会儿，等颜色变深、翅膀变硬，就能变为成虫振翅飞走了。

处暑

村子里有条宽宽的河，平常大人们都不让小孩子靠近玩耍，只有中元节这天例外。爷爷说，中元节又叫“鬼节”，和清明节一样也是祭奠亡人的节日。牙牙一点也不觉得可怕，她和小伙伴们一起学做好看的“荷花灯”，点燃后放进河里漂走。还有大哥哥大姐姐划着船在河中央放河灯。远远地看，漂满荷花灯的小河像“银河”一样美丽。

处暑

处（chǔ）暑，时间点在8月22～24日之间。“处”是躲藏、终止的意思，处暑就是说暑气终止，它是反映气温变化的节气，代表气温由炎热向凉爽过渡。处暑以后，我国大部分地区雨季即将结束，降水逐渐减少，气温逐渐下降。处暑节气前后的民俗多与祭祖和迎秋有关。

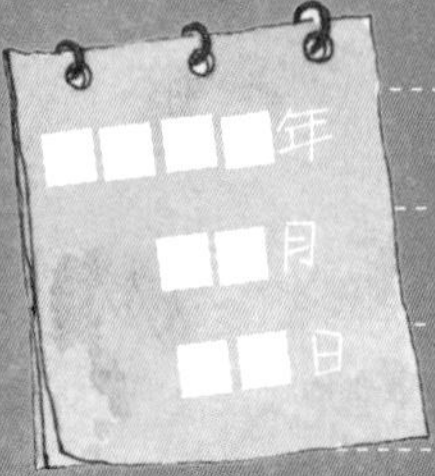

处暑天不暑，
炎热在中午。

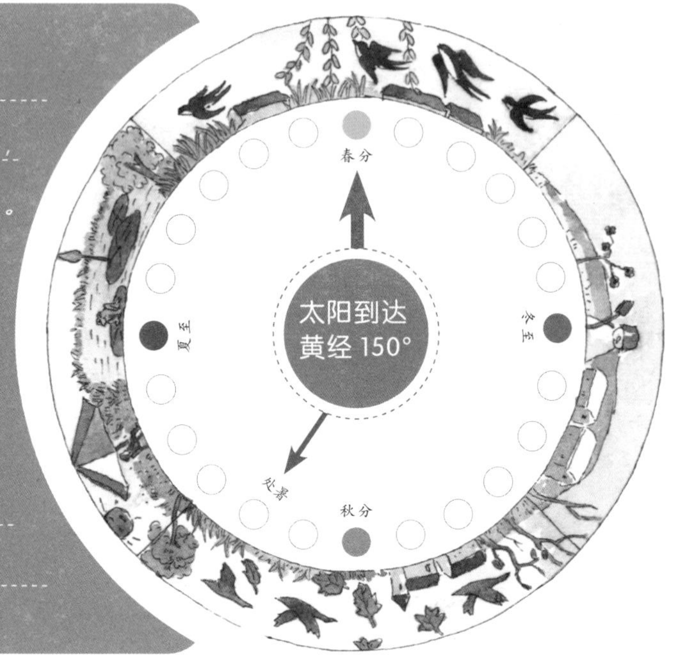

用画笔为温度计涂上刻度，记下处暑这天的气温吧！

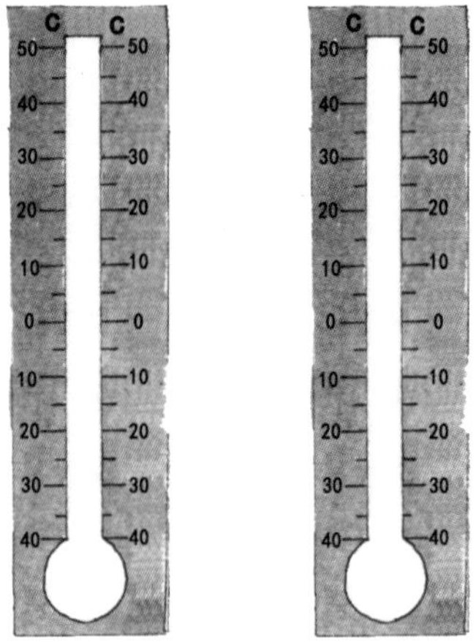

最高气温：______℃ 最低气温：______℃

人工降雨

北方早晚温差大，人们早晚穿衣多，中午穿衣少；南方仍在感受“秋老虎”的威力。大部分地区时有秋雨，人们趁机开展人工降雨，抓紧蓄水，以保证农田用水。

长江二首（其二）

[宋] 苏泂（jiǒng）

处暑无三日，新凉直万金。
白头更世事，青草印禅心。
放鹤婆娑舞，听蛩断续吟。
极知仁者寿，未必海之深。

鹰捕食

鹰是名副其实的千里眼，翱翔在千米以上的高空，也能看清地面上的猎物。它还有一双锐利的爪子，能迅速俯冲并牢牢抓住正在奔跑的猎物。秋天里，田野上活跃的老鼠、野兔以及天上的飞鸟，都会成为老鹰的捕食对象。

处暑三候

一候，鹰乃祭鸟
二候，天地始肃
三候，禾乃登

大枣红了

进入八月，树上的大枣渐渐由青变红。大枣又叫红枣，它不但含糖量高，味道甜美，还含有丰富的维生素，经常食用对身体大有益处。民间有“一日食三枣，百岁不显老”的说法。

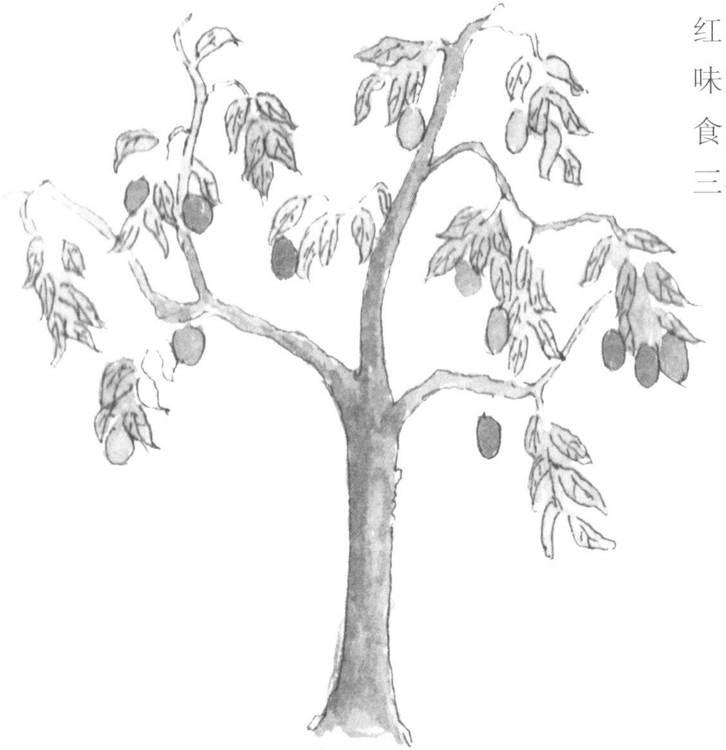

紫薇花开

紫薇花在夏秋少花季节开放，它的花期很长，有“百日红”之称。紫薇有玫红、大红、深粉红、淡红或紫色、白色等颜色，花朵一簇簇紧挨成花团。紫薇树木高大，寿命长，树龄可达 200 年。它还有个好玩的名字叫“痒痒树”，当你用手轻挠树干时，它的枝叶就会晃动，好像怕痒一样。其实这是因为紫薇的树干上下差不多粗细，而上端的树梢较重，所以对震动比较敏感，容易摇晃。

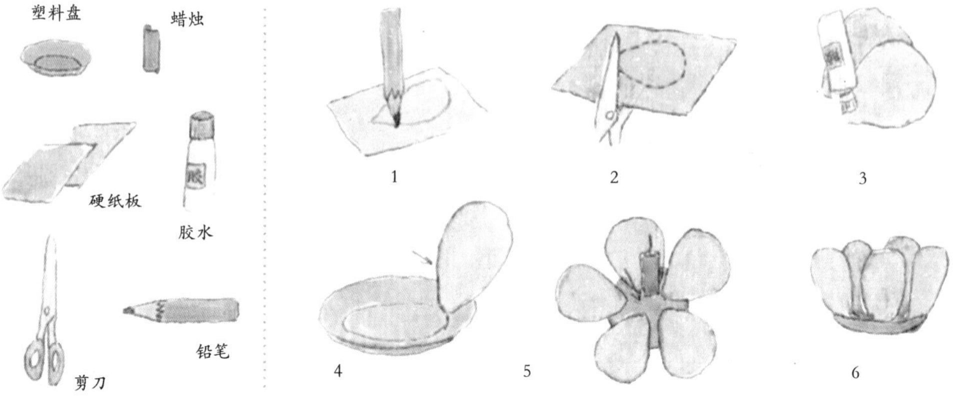

荷花灯制作步骤

中元节

中元节在农历七月十五日，是民间祭奠逝去亲人的节日。白天，人们会带上刚刚成熟的枣、葡萄等瓜果去坟前祭拜。晚上，人们把做好的荷花灯轻轻放在河面上，看河灯随水漂远，捎去对逝去亲人的思念。

作物成熟

秋天光照减少，气温下降，植物体内的叶绿素合成减少，叶绿素分解后得不到补充，此时其他色素的颜色就渐渐显现出来，叶子开始变黄、变红。稻子、高粱等有壳的粮食作物成熟得很快，它们垂着沉甸甸的脑袋，等待着人们的收割。

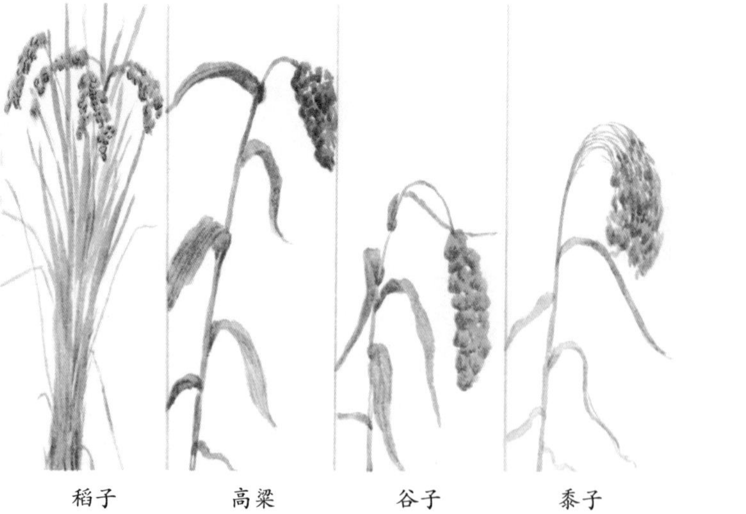

白露

一大早，哥哥就说要去帮忙摘棉花。但奶奶说，要等露水晒干了以后再去摘。牙牙连忙纠正道：“露水不会被晒干，它只是变成水蒸气看不见，又回到空气里去了。”奶奶笑着说：“好，好，只要不藏到棉花里就好。”

白露

白露，时间点在9月7～9日之间。这时节，白天与晚上的温差越来越大，夜晚空气中的水汽接触到地面或草木时，迅速凝结为细小的水滴。这些露珠晶莹剔透，太阳光照在上面发出洁白的光芒，所以被称为“白露”。此时暑气还没有完全消尽，是一年中昼夜温差最大的时候。白露一到，人们迎来作物成熟、瓜果飘香的时节。

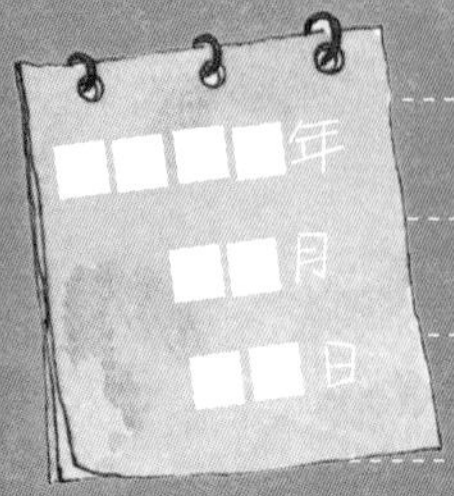

白露身不露，
早晚露加衣。

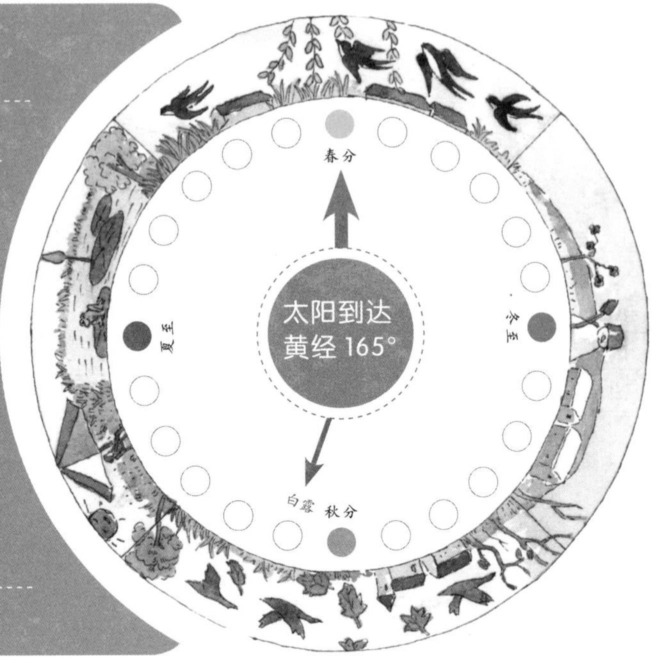

● 用画笔为温度计涂上刻度，记下白露这天的气温吧！

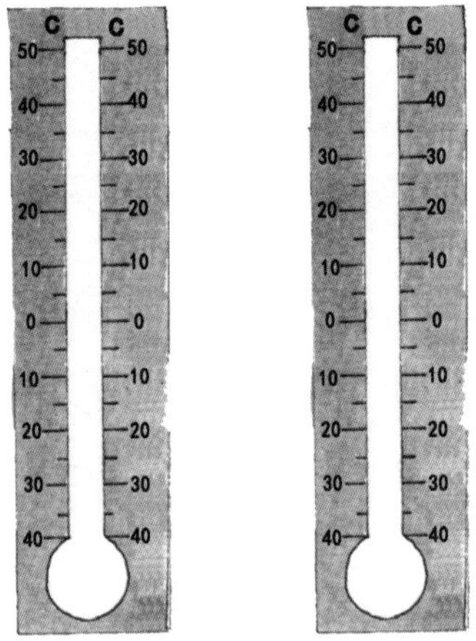

最高气温：_____°C 最低气温：_____°C

露水现

“白露秋分夜，一夜凉一夜。”进入白露节气，夏季风逐渐被冬季风所代替，地面多吹偏北风，冷空气南下逐渐频繁，气温下降速度加快。清晨，秋风一吹，露水洒落一地。

衰荷

［唐］白居易

白露凋花花不残，
凉风吹叶叶初干。
无人解爱萧条境，
更绕衰丛一匝看。

白露三候

一候，鸿雁来

二候，玄鸟归

三候，群鸟养羞

桂花

桂花开

白露时节，桂花飘香。桂花有黄白色、淡黄色、黄色或橘红色，花朵小巧，味道香浓。桂花既能观赏，又能做成美食，中国人喜欢用桂花做桂花茶、桂花酒、桂花糕和桂花饭，这些食物里也带着桂花的香味。

鸿雁南飞

“八月初一雁门开，鸿雁南飞带霜来。”敏感的鸟儿已经感受到温度的变化。

抬头望天空，大雁开始南飞，燕子也纷纷启程，飞往南方过冬。

喜鹊和麻雀则不会迁往南方，它们是留鸟，会一直留在本地过冬。它们依靠厚厚的羽毛保暖，也会为过冬做必要的准备。虽然冬天里食物少，它们还是能想出各种办法为自己找来食物。

枣熟了

新学期开始，孩子们升入新的年级。路边的枣树上已经挂满了红彤彤的枣子。一串串的枣子压弯了枝头，孩子们看得直流口水，有的爬树去摘，有的拿杆子打，捡起掉到地上的大红枣，擦擦干净，放在嘴里，咔嚓一声，便尝到了只有白露时节才有的甜甜的味道。

摘棉花

吐絮的棉花已经可以采摘了。采棉花的人把特制的棉花包拴在腰间，细心地将棉壳里的棉花摘下放入包里。等棉花积攒够了，再将它们运往棉花收购站。棉花经过去籽等加工程序后，就可以用来纺线、织布，做成棉衣和棉被了。

秋分

秋收的时候，大人们忙得顾不上回家吃饭，到了中午，孩子们就把饭菜送到打谷场上。傍晚，结束了一天的忙碌，一家人围坐在大圆桌前，开心地庆祝中秋节。牙牙问：“中秋节的月亮总是这么圆吗？”爷爷告诉牙牙，中秋节来自古代“秋分祭月”的传统，但并不是每年的秋分都会有圆月亮，后来人们就把中秋节的时间定在了农历八月十五，这一天的月亮都是圆圆的。

秋分

秋分，时间点在9月22～24日之间。秋分时，太阳直射在赤道上，南北半球昼夜平分，也就是白天和黑夜的时间一样长，另外秋分也意味着秋季正好过去了一半。从这天开始，北半球的黑夜一天天变得比白天长，地面热量散失得也越来越快。中国古代有春分祭日、夏至祭地、秋分祭月、冬至祭天的习俗。

年
月
日

一场秋雨
一场寒。

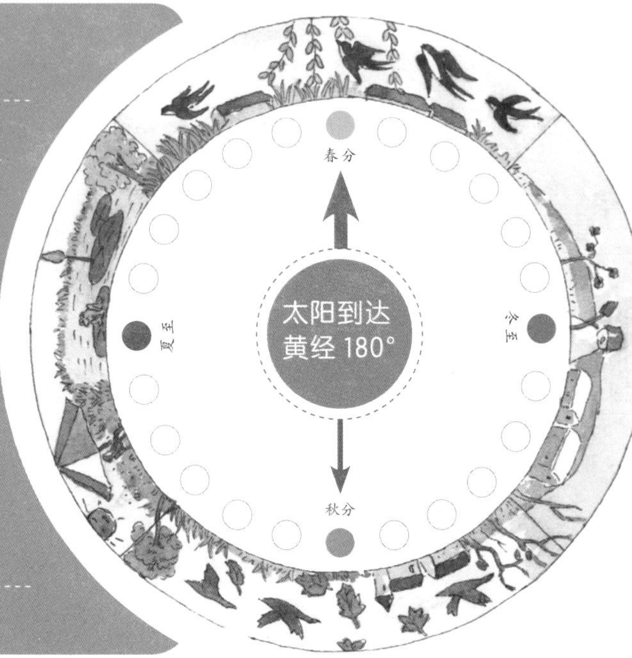

春分
夏至
冬至
秋分
太阳到达
黄经180°

用画笔为温度计涂上刻度，记下秋分这天的气温吧！

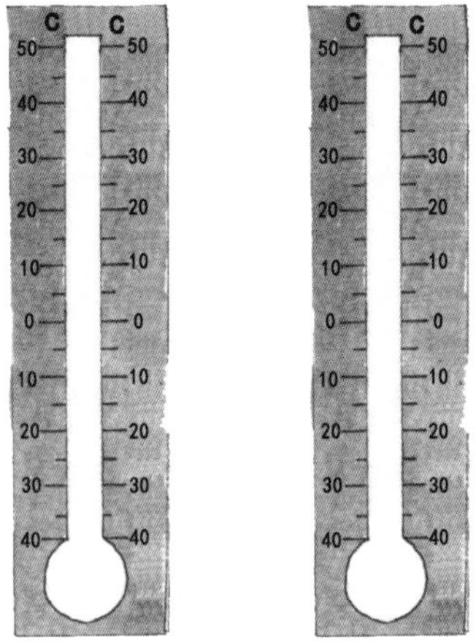

C C
50 40 30 20 10 0 10 20 30 40

最高气温：______℃ 最低气温：______℃

天象

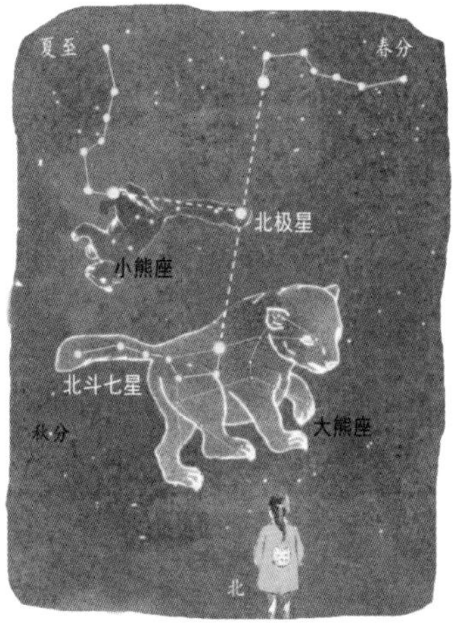

夏至
春分
北极星
小熊座
北斗七星
大熊座
秋分
北

秋分以后，打雷和闪电渐渐消失，降水减少。白天秋高气爽，夜晚星光朗照，继续观察北斗七星，就能见到斗柄指向西方的时刻。

三用韵十首（其三）
[宋]杨公远
屋头明月上，此夕又秋分。
千里人俱共，三杯酒自醺。
河清疑有水，夜永喜无云。
桂树婆娑影，天香满世间。

瓜果熟了

火红的石榴、紫色的葡萄、橙黄的柿子、金色的梨，五颜六色的水果全都成熟了。虽然现在有许多水果一年四季都能买到，但其实水果是有季节性的，选择那些按自然规律成熟的时令水果，不仅价格便宜，而且新鲜度高、营养丰富，对身体最有益处。

秋分三候

一候，雷始收声

二候，蛰虫培户

三候，水始涸

彼岸花开

红花石蒜，民间有个好听的名字叫“彼岸花”。它在秋分前后开放，颜色十分艳丽。平时我们看到的“一朵”彼岸花其实是由 4 ~ 7 朵花形成的花团。它还有个明显的特征是花瓣向后翻卷着，而雄蕊和花柱一条条向外伸出很长，姿态秀丽。彼岸花很美，但鳞茎有毒，千万不可误食。

准备冬眠

需要冬眠的动物吃得胖胖的，开始建造、巩固自己的住所；不需要冬眠的动物也忙着储藏食物，以备过冬。

中秋节

农历八月十五是中秋节、团圆节，也是丰收的节日。中秋节这天，全家人聚在一起，团团围坐。桌上摆满各种刚成熟的新鲜水果，还有不同口味的月饼，圆圆的月饼像天上的月亮。大家一起聊天、赏月，听长辈们讲嫦娥奔月的传说故事。

秋 收

秋分到，气温下降得越来越快，地面热量已经不能满足植物的生长要求，秋季成熟的庄稼无论长势好坏都要收割了。农谚说：“秋分无生田，不熟也得割。”这时节，“三秋”（秋收、秋耕、秋种）大忙开始了。农民们一边忙着收割稻子、高粱、玉米、向日葵、豆子，一边抓紧耕地，准备播种冬小麦和油菜。

玉米

向日葵

五禽戏

皎洁的月光下，小朋友们凑在一块儿玩“五禽戏”，一个人摆动作，另一个人猜像什么动物，开心极了。据说五禽戏是由东汉名医华佗模仿五种动物的动作创编的，你知道模仿的是哪五种动物吗？

寒露

重阳节这天一大早，牙牙和爸爸去爬山。从半山腰望下去，整个村子都清清楚楚，牙牙兴奋地叫道："爷爷家在那儿呢！"爸爸说，今天来山上还要采些茱萸带回去，茱萸不仅是很好的中药材，还能带给人平安吉祥。

寒露

寒露，时间点在10月7～9日之间。古代把“露”作为天气转凉变冷的表征，与白露相比，寒露时气温更低，地面的露水快要凝结成霜了。寒露是气候从凉爽到寒冷的过渡，气温下降速度极快，天气常是昼暖夜凉，晴空万里，大地一派深秋景象。

寒露寒露，遍地冷露。

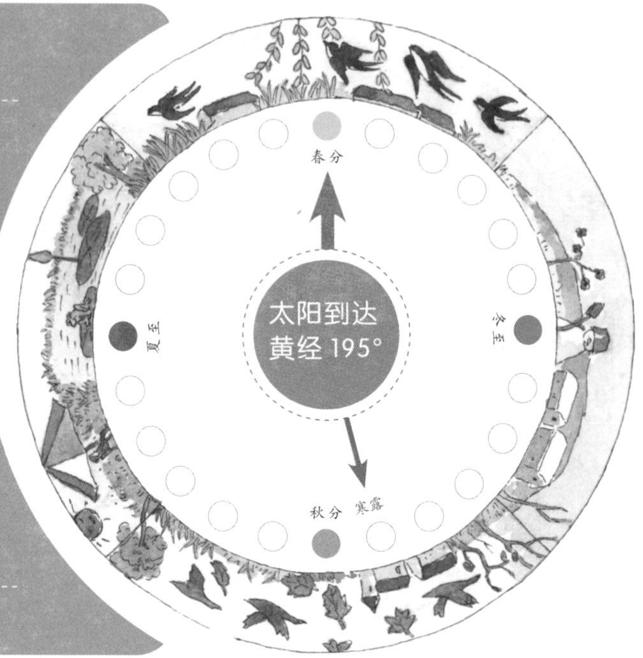

用画笔为温度计涂上刻度，记下寒露这天的气温吧！

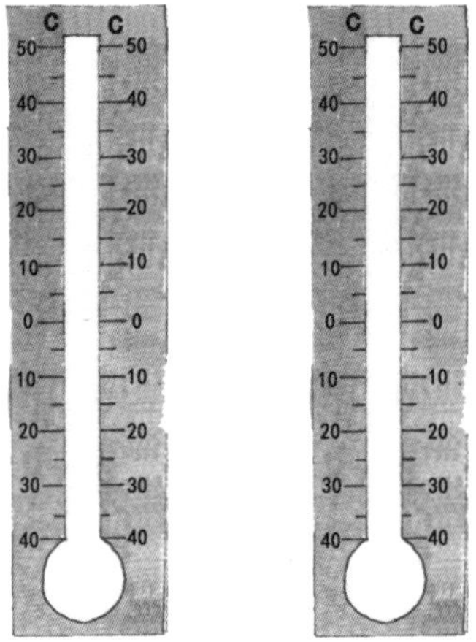

最高气温：______°C 最低气温：______°C

秋寒渐浓

寒露期间，人们可以明显感觉到季节的变化。我国南方和北方对比鲜明，北方已经开始见到雪花，而南方才真正进入凉爽的秋天。大雁编着队往南方飞。

池上

[唐] 白居易

袅袅凉风动，凄凄寒露零。

兰衰花始白，荷破叶犹青。

独立栖沙鹤，双飞照水萤。

若为寥落境，仍值酒初醒。

菊花开

耐寒的菊花迎着秋风傲霜而开。中国人自古喜爱菊花，留下很多和菊花有关的诗歌，比如陶渊明的“采菊东篱下，悠然见南山”，李商隐的“暗暗淡淡紫，融融冶冶黄，陶令篱边色，罗含宅里香”。直到今天，我国很多地方在秋季还有赏菊活动，在重阳节有饮菊花酒的习俗。菊花品种极多，颜色也很丰富，白的素洁，黄的淡雅，或红或紫，热烈深沉；大小和花瓣的形状也各不相同，在我国栽培广泛，是有名的观赏花卉。

寒露三候

一候，鸿雁来宾

二候，雀入大水为蛤（gé）

三候，菊有黄华

大雁南飞

从白露到寒露期间，大雁先后飞往南方过冬。早些到达的大雁已经像是那里的主人了，按照古人的说法，先到为主，后至为宾，晚到的大雁就被当成“宾客”对待。

大雁南飞时，由“头雁”带队飞行，后面的大雁则保持着“一”字或“人”字队形跟随。这样的队形对大雁长途飞行是很有帮助的，因为前面的大雁扇动翅膀会带动气流，在身后形成一个低气压区，后面的大雁就能借此减少空气的阻力，节省体力。在长途迁徙的过程中，雁群需要经常变换队形，它们一边飞着，还不断发出“嘎、嘎”的叫声。大雁的这种叫声能起到互相照顾、呼唤，指示起飞和停歇的信号作用。

翻地

天冷了，田里面的粮食也基本收割完毕了。

“寒露到立冬，翻地冻死虫。”农民在这个时节深翻土地，可以把准备越冬的幼虫翻到地面上，或者破坏它们的洞，虫子没有了住处的保护，就会风干、冻死或者被天敌捕食，从而减少虫害。深翻土地还可以把地面上的秸秆翻入土中，让土地来年变得更加肥沃。

重阳节

农历九月初九重阳节，正是秋高气爽的好天气，最适合登高望远，舒活筋骨。这一天，人们三三两两相约去爬山，民间还有插茱萸、吃重阳糕、饮菊花酒等习俗。后来，我国把这一天定为“老人节”，倡导敬老爱老。古诗《九月九日忆山东兄弟》说的就是这个节日。

独在异乡为异客，
每逢佳节倍思亲。
遥知兄弟登高处，
遍插茱萸少一人。

霜降

盼啊盼，菜园里的土豆和胡萝卜终于能收了。哥哥姐姐们力气大，负责挖土豆，牙牙专门拔胡萝卜。奶奶说，等把菜全挖出来后，要趁着土地还比较松软，给菜园全部翻翻土。

霜降

霜降，时间点在10月22～24日之间。“霜降”表示露水凝结成霜，天气变冷了。当近地面空气中的水汽达到饱和，并且地面温度低于0℃时，水汽在植物或者其他物体表面会直接凝华成一层白色的冰晶，这就是霜。气象学上，一般把每年秋季第一次出现的霜叫“初霜”，而把春季出现的最后一次霜称为“终霜”。

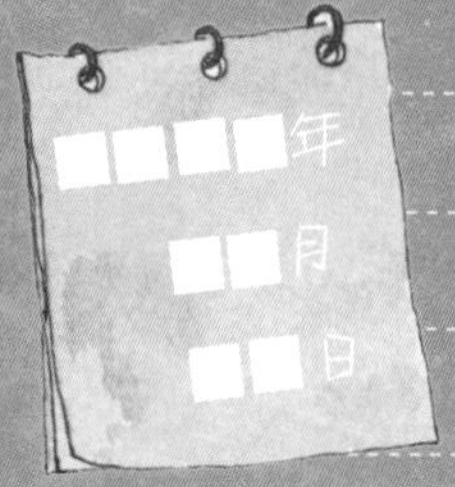

霜降见霜，
谷米满仓。

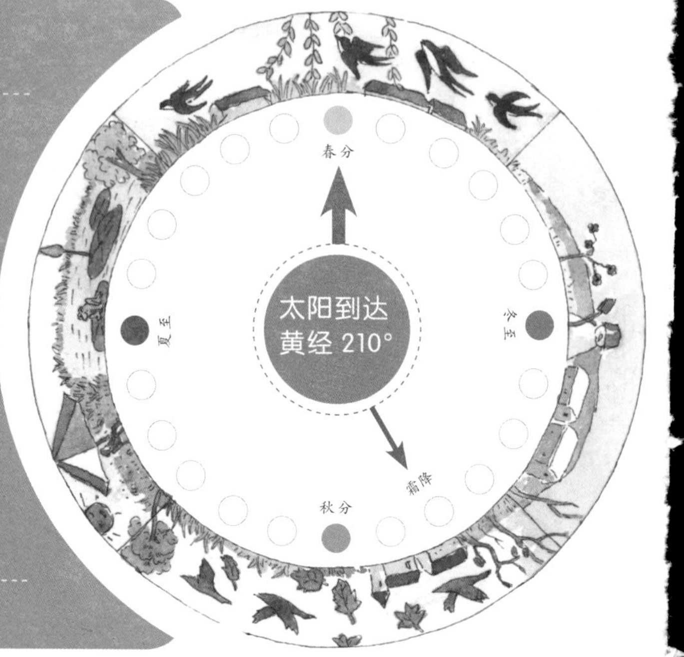

用画笔为温度计涂上刻度，
记下霜降这天的气温吧！

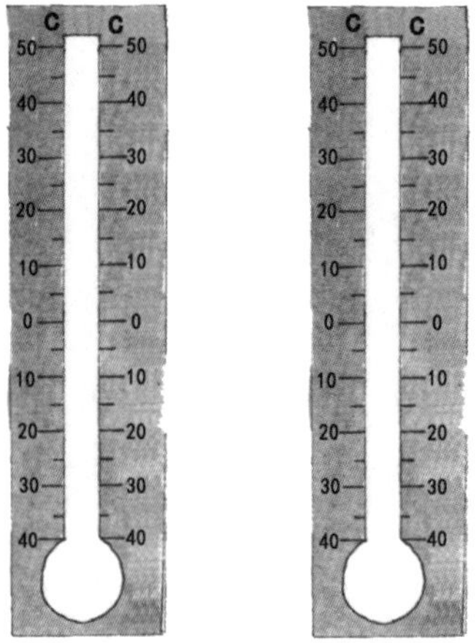

最高气温：______℃ 最低气温：______℃

百草枯

霜降时节，气温变化剧烈，草木开始黄落，不耐寒的农作物停止生长，等待收获。南北方气温差异仍然很大，北方大部分地区平均气温已在0℃以下，而南方还要等到隆冬时节才会有霜产生。

岁晚（节选）

［唐］白居易

霜降水返壑，
风落木归山。
冉冉岁将宴，
物皆复本源。

芙蓉花开

木芙蓉在深秋霜降之时开花，因为它不畏寒霜，所以又被称为拒霜花。著名文学家苏轼曾写诗赞美它："千林扫作一番黄，只有芙蓉独自芳。唤作拒霜知未称，细思却是最宜霜。"木芙蓉花大色艳，有红芙蓉、白芙蓉、黄芙蓉、红白相间的五色芙蓉，还有颜色一日三变的醉芙蓉。醉芙蓉早晨是白色，中午转为粉红，午后至傍晚时又变成深红色，好像喝醉酒一样神奇。

霜降三候

一候，豺乃祭兽
二候，草木黄落
三候，蛰虫咸俯

霜降杀百草

"霜叶红于二月花。"霜降是观赏枫叶的最好时节。一场霜降，不耐寒的植物停止了生长。天气变冷，光照时间减少，叶绿素的合成受到阻碍，叶子中的叶绿素开始慢慢减少，这就给叶子中的其他色素提供了显现的机会，所以，秋天里放眼望去，到处挂满了红色和黄色的叶子。

荷叶垂

池塘里，荷叶虽然已经垂下了头，但它的茎秆依然挺立着。枯萎的荷叶下，还藏着没被挖出来的藕。

收作物

“霜降一过百草枯，薯类收藏莫迟误。”庄稼地里，人们在立冬前还要再忙上一阵：收土豆、收白菜、拔萝卜、拔棉秸、耕翻整地。

收土豆

拔棉秸

柿子红

很多地方在霜降的时候吃红柿子，因为这是柿子的最佳成熟期，被霜打过的柿子更红更甜了，民间还有“霜降吃柿子，冬天不感冒”的说法。这时候的柿子个儿大、皮薄、肉鲜、汁多，甜凉可口，营养价值高。柿子可以洗了直接吃，也可做成柿饼留着慢慢吃。

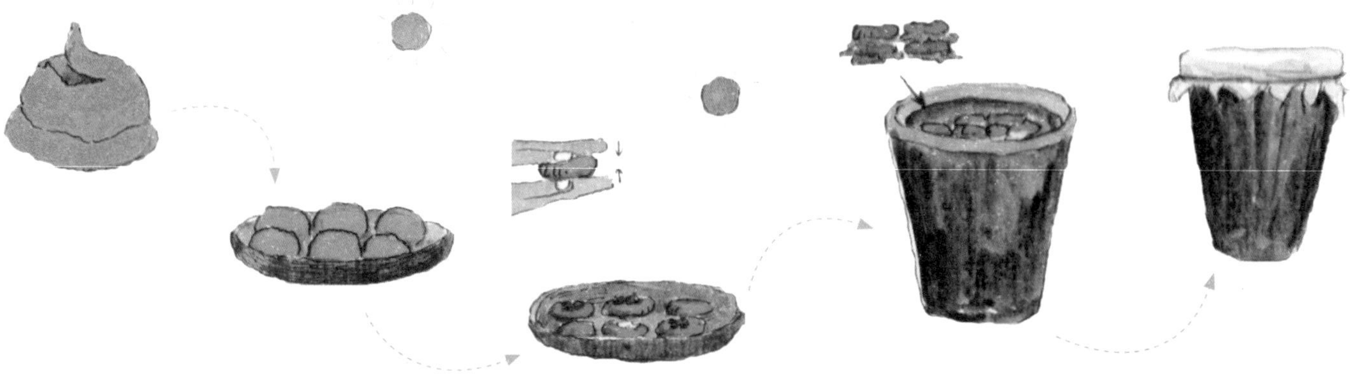

柿饼的做法：

1. 把柿子洗净，沥干水分，再用削皮刀削去柿子表皮。
2. 将削好皮的柿子摆放在竹屉上，在有日光的通风处晒至柿子表皮干枯（不能着水），用手轻轻将其挤压成饼状（不可用力过大，以免挤破）。
3. 将挤过的柿子放回竹屉上暴晒，约 8~10 天后，再依次挤压一次。
4. 将晒制好的柿饼，均匀地码入小缸中，用保鲜膜封好缸口，盖上盖儿，使柿饼上霜即可。

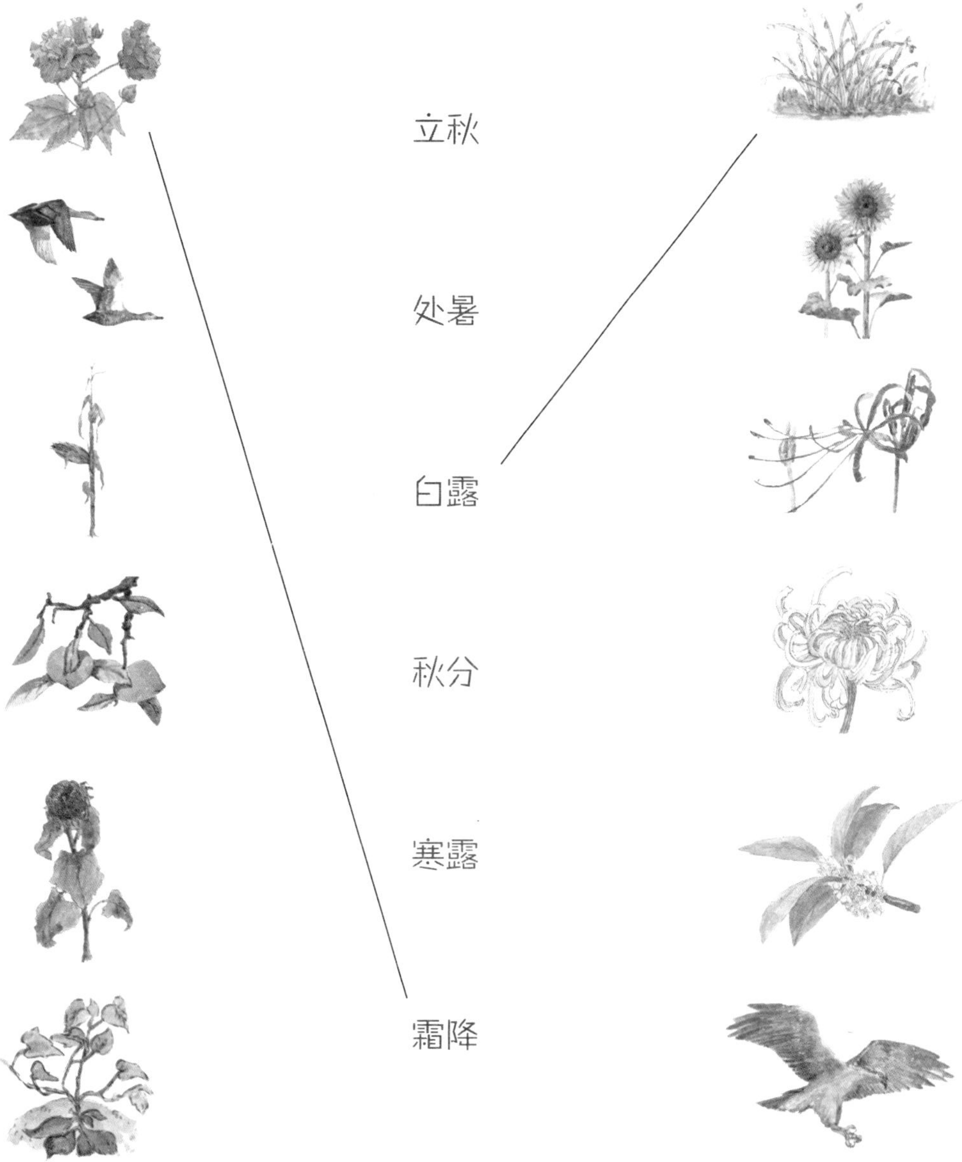

节气连连看

游戏规则：两位参赛者同时开始，将小图与对应的节气名称连起来，最快完成且答案正确者获得胜利。

可爱的中国

第一部原创
中国地理
科学绘本

这就是二十四节气·冬

高春香 邵敏 / 文　许明振 李婧 / 绘

海豚出版社
DOLPHIN BOOKS
CICG 中国国际传播集团

新世界出版社
NEW WORLD PRESS

图书在版编目（CIP）数据

这就是二十四节气. 冬 / 高春香，邵敏文；许明振，
李婧绘. -- 2版. -- 北京：海豚出版社，2019.9（2023.12重印）
ISBN 978-7-5110-4759-5
Ⅰ. ①这… Ⅱ. ①高… ②邵… ③许… ④李… Ⅲ.
①二十四节气－儿童读物 Ⅳ. ①P462-49
中国版本图书馆CIP数据核字(2019)第171076号

致 谢

本书在出版过程中，得到以下专家学者的悉心指导审阅，谨向各位致以诚挚的谢意：
刘夙，上海辰山植物园工程师；曾刚，中国科学院植物研究所博士；
同小娟，北京林业大学气象学博士；李晓燕，中国科学院心理研究所超常儿童研究中心。

这就是二十四节气·冬

策划：张忍顺 齐德利
高春香 邵敏/文 许明振 李婧/绘

出版人：王磊
策划编辑：吕晖 王然 特约编辑：吴蓓 责任编辑：王然 美术设计：丁卉 责任印制：于浩杰 蔡丽
法律顾问：殷斌律师
出版：海豚出版社
地址：北京市西城区百万庄大街24号 邮编：100037
电话：010-68325006（销售） 010-68996147（总编室） 传真：010-68996147
印刷：天宇万达印刷有限公司
经销：全国新华书店及各大网络书店
开本：16开（889mm×1194mm） 印张：11 字数：100千
版次：2015年9月第1版 2019年9月第2版 2023年12月第25次印刷 印数：1007621～1035120
标准书号：ISBN 978-7-5110-4759-5
定价：150.00元

去棉籽

棉花存放

弹棉花

奶奶说，乡下的冬天比城里冷。秋天收完棉花后，她就在准备为牙牙做一套新棉衣。奶奶告诉牙牙：“新棉花做出来的棉衣最保暖，穿在身上一点儿冷风都吹不进来。”牙牙听了好高兴，眼看着棉衣要做好，她更想让冬天快点儿来了！

辨形记

雪地是一块大画布，谁走在上面都能留下一幅画。牙牙盯着这块画布看，想知道昨晚是谁悄悄地留下了自己的“画”。

立冬

天气越来越冷了，树上的叶子全落光了，田野里很难再见到小动物的身影，它们已经开始冬眠了吗？爸爸说，有些动物要睡上一整个冬天，比如蛇和青蛙，它们都是变温动物，冬眠是它们过冬的“法宝”。

牙牙想，冬天的时候，人们大部分的时间都待在屋子里，这算不算冬眠呢？

立冬

立冬，时间点在11月7～8日之间。立冬表示冬季从此开始。冬是“终了”的意思，有农作物收割后要收藏起来的含义。冬天要来了，秋天里成熟的农作物已全部收晒完毕，入库收藏。许多动物藏起来准备冬眠，人类虽然没有冬眠之说，却有在立冬这天进补的习俗，俗称“补冬”，据说可以增强体质，以适应冬天的气候变化。

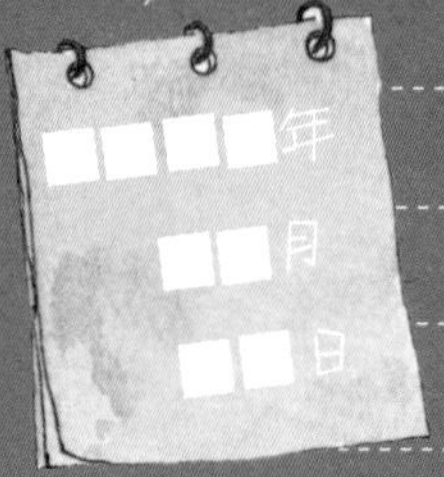

年
月
日

立冬晴，
一冬凌；
立冬阴，
一冬温。

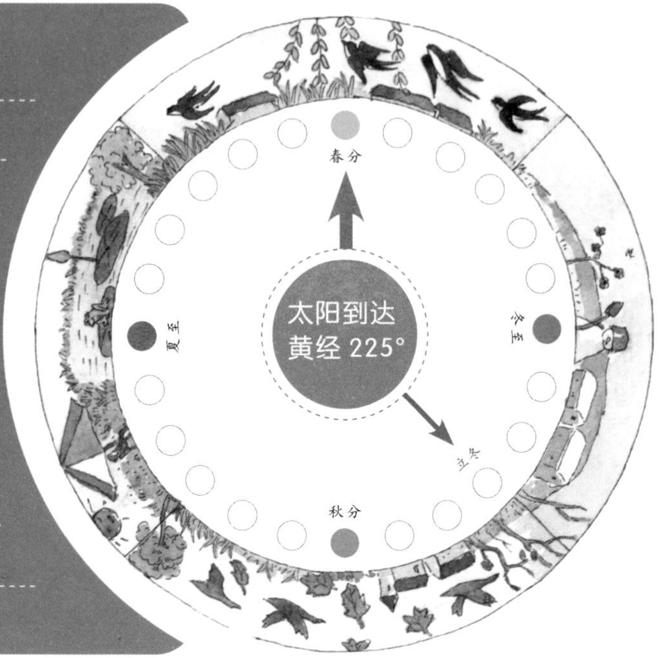

春分
夏至
冬至
秋分
立冬
太阳到达
黄经225°

用画笔为温度计涂上刻度，记下立冬这天的气温吧！

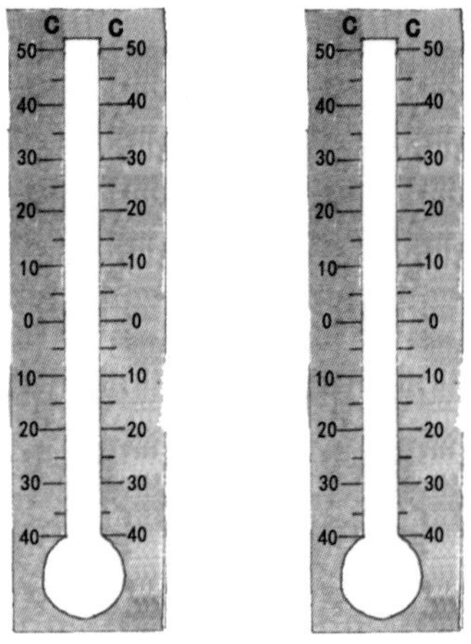

最高气温：______°C 最低气温：______°C

雨雪天气

立冬前后，我国大部分地区降水显著减少，降水的形式开始多样化：有雨、雪、雨夹雪、冰粒等。随着冷空气的加强，气温下降的趋势加快，时有温度回升的现象。大气中积累的污染物较多，容易形成浓雾或雾霾。

立冬

[明] 王稚登

秋风吹尽旧庭柯，
黄叶丹枫客里过。
一点禅灯半轮月，
今宵寒较昨宵多。

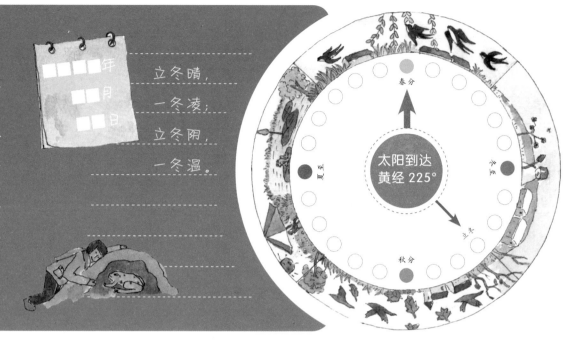

立冬三候

一候，水始冰

二候，地始冻

三候，雉入大水为蜃（shèn）

开始结冰

天冷了，北方的土地开始封冻，变得硬邦邦的，水面也结上了一层薄冰。而南方正是秋收冬种的好时节，人们抓紧时机抢种冬小麦。

冬 眠

冬天温度降低，食物匮乏，有些动物有冬眠的习惯。蛇和青蛙是变温动物，它们的体温会随着外界温度的变化而变化，冬天时体温会很快下降到不能进行活动的状态。有些恒温动物也会冬眠，比如刺猬，由于在冬天很难找到足够的食物维持体温，所以一到冬天它们就缩进洞里，蜷着身子，不吃也不动，而且几乎不怎么呼吸，把身体的能量消耗降到最低。

考考你，除了这些动物以外，你还知道哪些动物会冬眠吗？

兰花开

兰花与梅花、竹子、菊花并称为“四君子”。兰花喜阴，多生在山谷，叶片修长秀美，花色素雅，香气清幽，因此常被看作是谦谦君子的象征。兰花有很多品种，冬寒兰在立冬前后开放，它在低温时香味更佳，而且有“越冷越香”的说法。兰花还是很多美好事物的象征，比如古时候把好的文章称为“兰章”，把情深意厚的好友称为“兰友”或“兰谊”。

兰花

取暖

冬天来了，家家户户都在为过冬做准备。人们在屋子里生起火炉，拿出早早做好的新棉衣。新棉衣厚厚的、软软的，穿在身上暖和极了；牛、马、羊、狗身上的毛也变厚了，好能抵挡冬季的寒冷。牛和马不再外出劳动，家里已经储备好干草，供它们食用；牛圈、马圈围上了厚厚的草围栏，羊圈的大门也被密封好，狗窝、鸡窝都要盖上些旧棉絮来抵挡寒风。

剪枝

冬天，很多果树进入休眠期，果农趁机给果树“理发”，对树枝进行整形修剪，剪掉一些枯枝、老枝、病虫枝以及密集的树枝。这样可以使果树充分利用空间，获得更好的通风和光照，合理分配养分，减轻病虫危害，结出更多更好的果子。不同果树的修剪方法也大不相同，要根据树的结构和年龄进行修剪。

小雪

爷爷一边念叨着“小雪不收菜，冻了莫要怪”，一边带领大家往地窖里搬运蔬菜。爷爷家的地窖挖得又大又深。储藏蔬菜时，大白菜要错开着堆起来，土豆、红薯、大蒜也要分类摆放好，这些蔬菜够一家子吃上一整个冬天。

小雪

小雪，时间点在11月22～23日之间。小雪表示降雪的起始时间和程度，是反映降水现象的节气。

小雪时节，空气湿度不大，气候干冷。南方地区的北部开始进入冬天；北方地区受强冷空气影响，常会出现入冬的第一场降雪，但此时的雪不会下得很大，落地容易融化，没法形成明显的积雪。小雪时的降雪对农业生产十分有益。

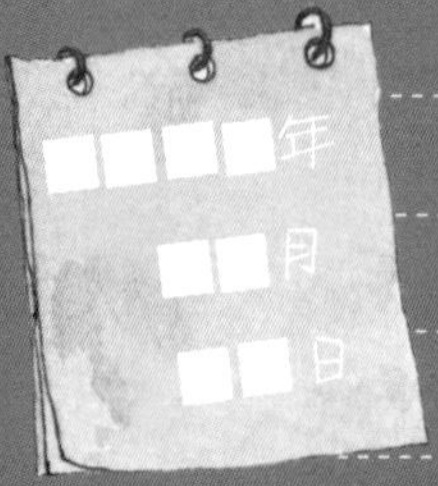

小雪不怕小，
扫到田里
就是宝。

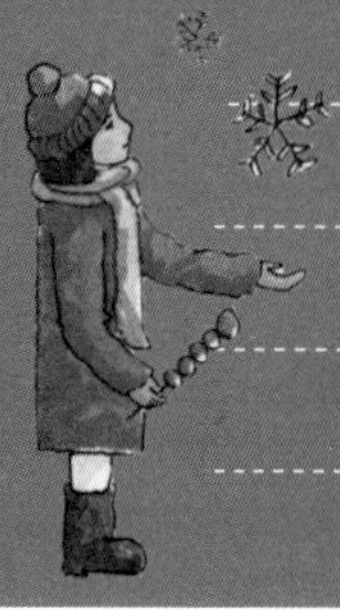

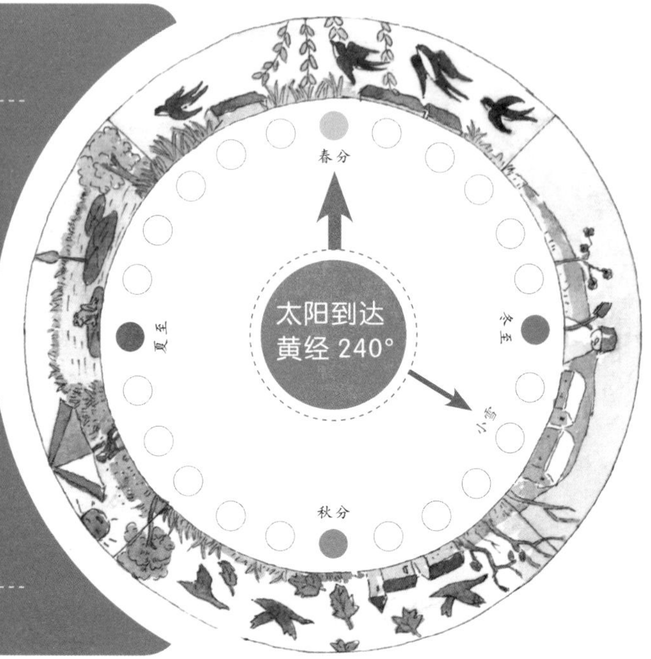

用画笔为温度计涂上刻度，记下小雪这天的气温吧！

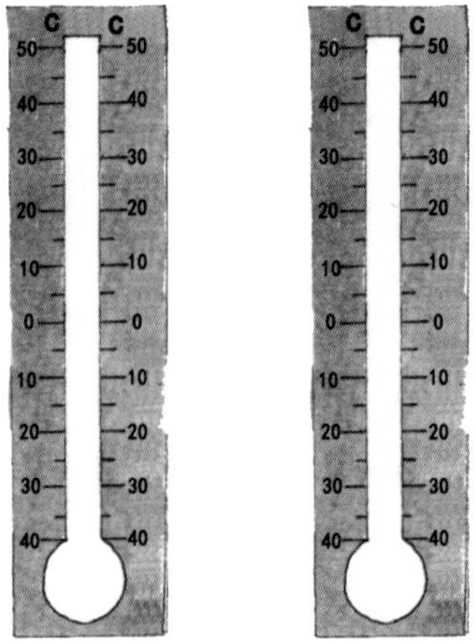

最高气温：______°C 最低气温：______°C

防寒保暖

小雪时节，受强冷空气影响，我国北方大部地区气温逐步降到0℃以下。此时空气干燥，降雪非常宝贵。虽然雪量有限，但还是提示人们到了防寒保暖的时候了，果农还要为果树做好防冻准备。

小雪

［唐］无可

片片互玲珑，飞扬玉漏终。

乍微全满地，渐密更无风。

集物圆方别，连云远近同。

作膏凝瘠土，呈瑞下深宫。

（节选）

水仙

腊月水仙

水仙有一个肥硕的球状鳞茎，长得很像大蒜和洋葱，所以又被叫作“雅蒜”、“天葱”。水仙花很容易养活，一般在秋天开始养，把水仙球茎放进适量的清水里，用几粒石子固定住，然后记得经常为它换水，只要有适当的阳光和温度，它就可以在冬天静静开放了。

小雪三候

一候，虹藏不见

二候，天气上腾地气下降

三候，闭塞而成冬

树木过冬

天气冷了，果农给光秃秃的果树绑上草绳，以防果树受冻。

杨树、柳树下边被刷上一米来高的石灰水，这有两方面的作用：第一，可以杀死寄生在树干上准备越冬的真菌、细菌和害虫；第二，白天有阳光照射，棕褐色的树干吸收热量多，到了晚上温度降得很快，这样一冷一热，巨大的温差会使树干容易冻伤。刷了石灰水后，由于石灰是白色的，树干会将 40% ~ 70%的阳光反射掉，从而减少白天和夜间经受的温差，树干就不易裂开。

粮食入仓

冬眠的动物藏起来了，经过春播、夏长、秋收的各种粮食蔬菜也要归仓、入窖了。大人们将萝卜、土豆、红薯、白菜、大葱、南瓜等放入地窖；将晾晒好的粮食装好袋，放入粮仓保存。

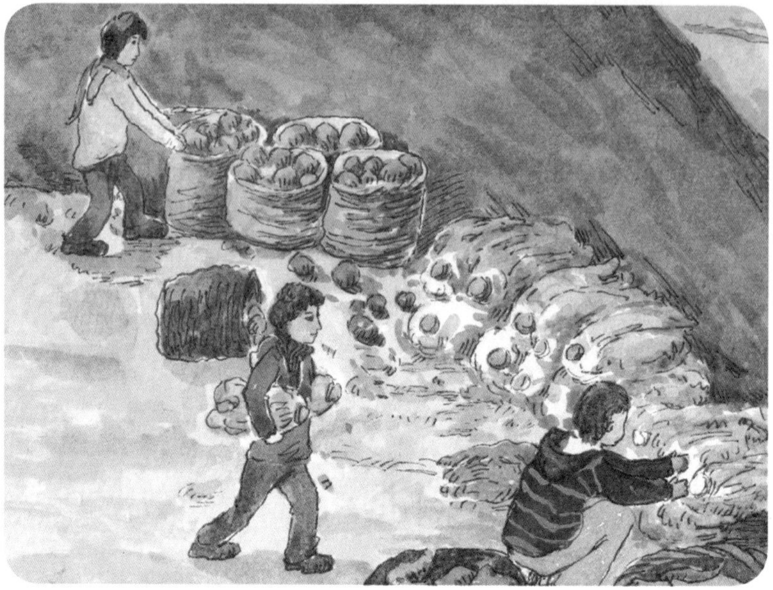

白灾

白灾又叫“白毛风”，在气象学上称为“吹雪”或“雪暴”。它常在狂风暴雪时出现，或者是在多次降雪以后，当地面积雪遇上 5 ～ 6 级大风，松散的积雪就会被卷起来，使天空变得白茫茫的，很难看清东西。白灾是由大风引起的，在我国北方牧区比较常见。

腌 菜

谚语说：“小雪大白菜入缸，大雪大白菜出缸。”家家户户开始为冬天制作容易储藏的食物，腌白菜，腌萝卜，有的还忙着制作香肠、腊肉、冬酿酒等。

腊肉

腌白菜

香肠

腌萝卜

大雪

早上一起床，牙牙被窗外白茫茫的景象惊呆了，房前屋后全盖着一层厚厚的雪。牛棚顶上被雪压出一个大窟窿，哥哥正忙着修补。牙牙一边帮忙递东西，一边和小伙伴们团雪球、打雪仗。

大雪

大雪，时间点在12月6～8日之间。大雪和小雪、雨水、谷雨等节气一样，都是直接反映降水的节气。大雪相对于小雪来说，雪下得越来越多，气温越来越低，地面开始有了积雪。虽然此时降雪的可能性增大，但全国各地的降水量在进一步减少，气候比较干燥。

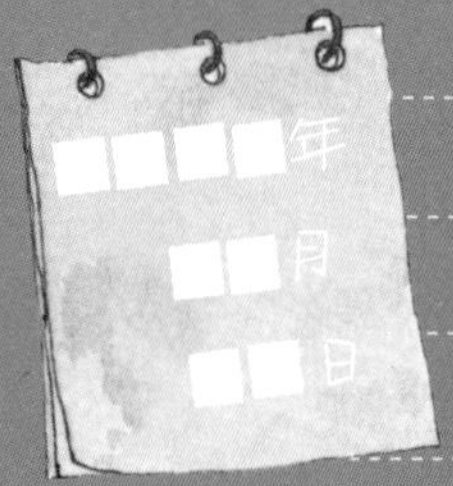

瑞雪兆丰年。

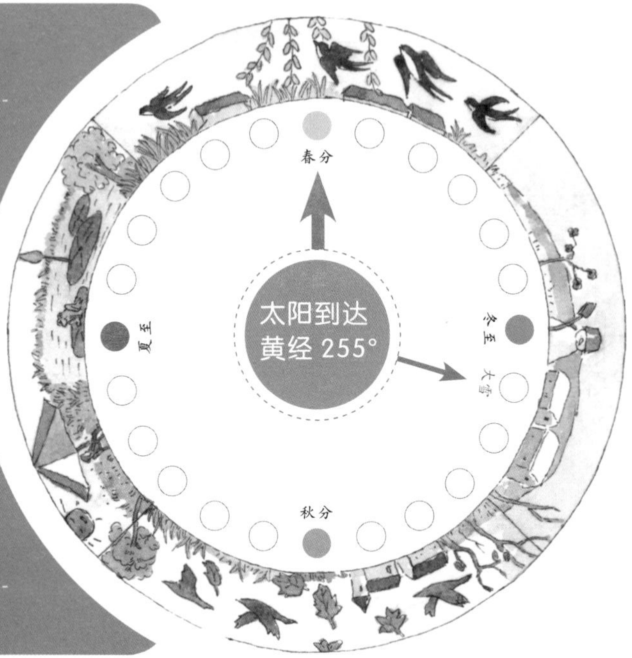

用画笔为温度计涂上刻度，记下大雪这天的气温吧！

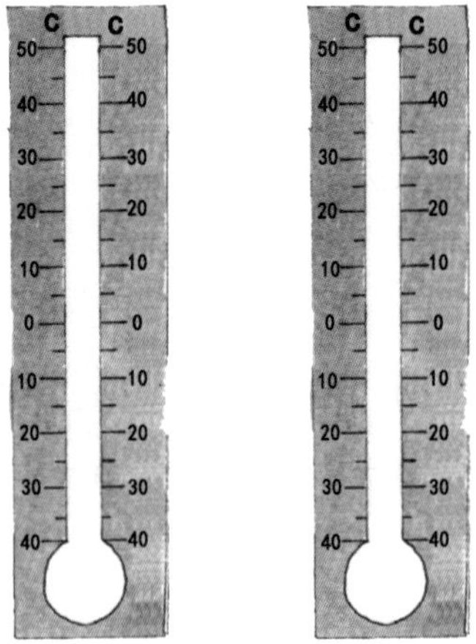

最高气温：______°C 最低气温：______°C

万里雪飘

大雪时节常会有大雪、冻雨、雾凇、雾霾等天气现象出现。我国北方地区已经是“千里冰封，万里雪飘”的风光。

逢雪宿芙蓉山主人

[唐] 刘长卿

日暮苍山远，
天寒白屋贫。
柴门闻犬吠，
风雪夜归人。

大雪三候

一候，鹖（hé）旦不鸣

二候，虎始交

三候，荔挺生

雪 花

大雪时节，最美的“花”莫过于从天而降的雪花。你留意过吗，雪花是什么样子的？它有时是小雪粒，有时是一片片的，有时是六角形，有时像鹅毛一样纷纷扬扬地落下来。雪花爱好者和科学家们在世界各地观察记录到很多种不同的雪花，目前发现的图案已经多达 20000 种 。雪花为什么有这么多种形状？这和它们赖以生长的云层环境是分不开的，也与雪花晶体穿越高空大气层时经历的温度、水汽和气流的变化有关。

树枝星状雪花

扇盘状雪花

鹖旦不鸣

有记载说鹖旦就是寒号鸟。天气寒冷后，平时爱“哆罗罗”叫的寒号鸟也不叫了。其实，寒号鸟不是鸟，而是一种哺乳动物，叫复齿鼯（wú）鼠。它的前后肢间有宽宽的飞膜，展开后就像一顶降落伞，可以帮助它在树林间快速地滑翔。

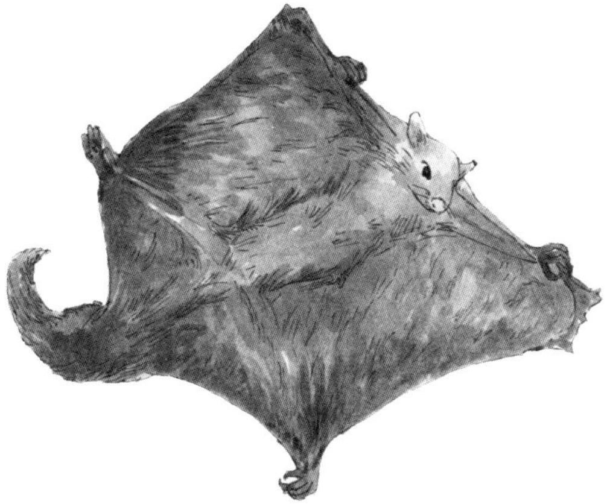

瑞雪兆丰年

“冬天麦盖三层被，来年枕着馒头睡。”积雪不但可以给冬小麦保温，增强冬小麦的抗寒能力，还含有较多的氮化物，融化后可以灌溉麦地，滋养土壤。此外，这时的降雪还能冻死一些越冬的虫卵，减少小麦返青后虫害的发生。

打雪仗

小朋友们在屋外打雪仗、滚雪球、滑冰，快乐得忘记了寒冷。这些游戏和运动能促进血液循环，让全身暖和起来，搓过雪的手还会有发热的感觉。

滚雪球

你知道吗？不是所有的雪都可以滚成大雪球。能滚成大雪球的雪通常是在气温不是很低的时候下的很大的雪。这样的雪比较容易粘合在一起。而很冷的天即便下雪，雪片也不会很大，雪之间缺少亲和力，是很难滚成大雪球的。

不过，只要下了雪，就不妨试着滚滚看，能滚多大滚多大。比一比，谁滚的雪球大。

烤红薯

屋外冰冻三尺，屋里热气烘烘。家人们围在火堆旁，吃着香香甜甜的烤红薯。

冬至

冬至吃饺子，奶奶说，这是为了纪念东汉时期的医圣张仲景。传说，张仲景不做官后，有一年冬天回到家乡，看到很多老百姓的耳朵都冻伤了。于是，他用面皮包着带有药材的食物，然后捏成耳朵的形状，下锅煮熟，送给百姓吃，治好了他们的耳朵。牙牙学着奶奶的样子，也捏了好多像耳朵一样的饺子。

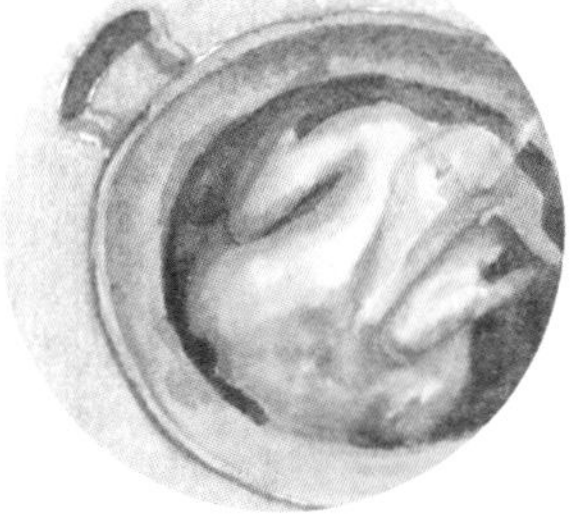

冬至

冬至，时间点在12月21～23日之间。冬至是二十四节气中最早制订出的一个节气，也是我国的一个传统节日，又叫“冬节”“长至节”等，民间在这一天有祭祖的习俗。冬至时，太阳直射南回归线，这是北半球一年里黑夜最长、白天最短的一天，因此，冬至日也叫“日短至”。

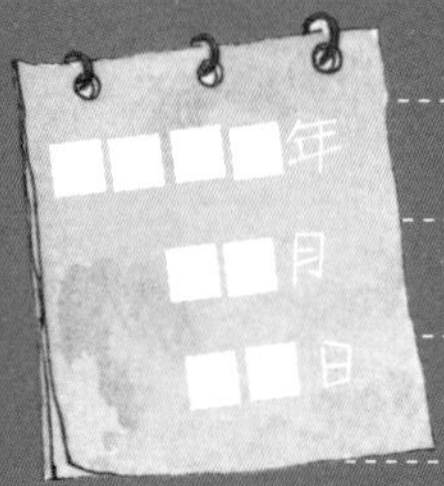

算不算，
数不数，
过了冬至
就进九。

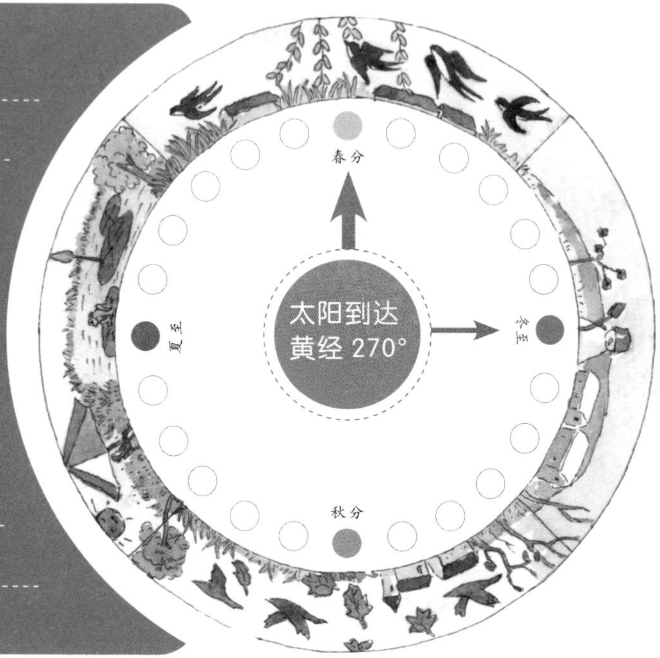

♦ 用画笔为温度计涂上刻度，记下冬至这天的气温吧！

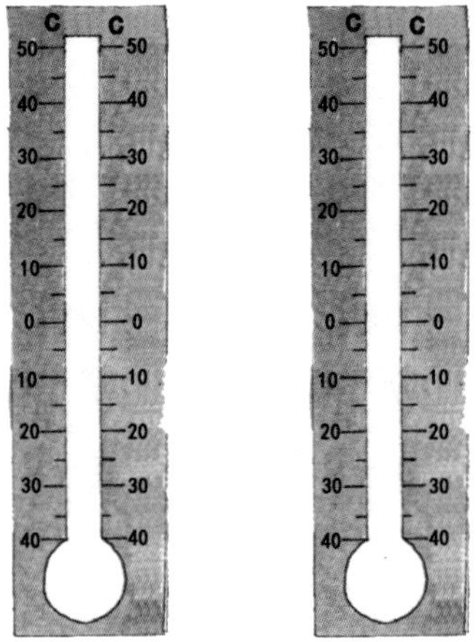

最高气温：______°C 最低气温：______°C

天象

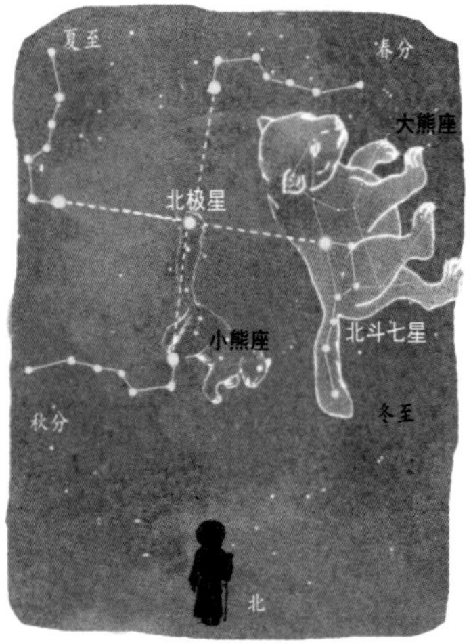

冬至这一天，北半球的日照时间全年最短，日影则是一年中最长的。北斗七星经过前三个季节的变化，现在晚上九十点钟再看，斗柄指向北方。

小至

[唐] 杜甫

天时人事日相催，
冬至阳生春又来。
刺绣五纹添弱线，
吹葭六琯动浮灰。
岸容待腊将舒柳，
山意冲寒欲放梅。
云物不殊乡国异，
教儿且覆掌中杯。

冬九九

九九歌

一九二九不出手，
三九四九冰上走，
五九六九沿河看柳，
七九河开，八九雁来，
九九加一九，
耕牛遍地走。

从冬至当天开始数，每九天为一个“九”，数完“一九”数“二九”，一直数到九九八十一天，叫作“冬九九”，也叫“数九”。这是我国自古用来反映冬季气温变化的一种民间节气。冬至一到，就进入我们常说的“数九寒天”，数完“九九”就算九尽了，“九尽杨花开”，那时天气就暖和了。一起来读读这首好听的《九九歌》吧！

冬至三候

一候，蚯蚓结
二候，麋（mí）角解
三候，水泉动

茶梅花开

茶梅是山茶科山茶属植物，它的花整体形态和茶花相似，同时兼具梅花小巧的特点，所以叫茶梅。茶梅开花要比山茶早，山茶的花期在1至4月，而茶梅的花期从11月至翌年1月。另一个明显的区别是，茶梅花凋谢时花瓣是一片一片掉落，而山茶花要么干枯地留在枝头，要么整朵掉落。茶梅树型娇小，开花时可做花篱，花落时可做绿篱，很受人们喜爱。

麋角解

麋鹿俗称“四不像”，是世界珍稀动物，在我国曾经一度濒临灭绝。雄麋鹿有长长的角，每年冬至前后，它们的角会自然脱落，要到第二年夏天才会长出新角。

包饺子

“十月一，冬至到，家家户户吃水饺。”冬至大如年，古人甚至把冬至与过年相提并论，为了区别于春节前夕的“辞岁”，把冬至前一天叫作“添岁”或“亚岁”，意思是说，虽然还没过年，但人已经长了一岁。这一天，北方的家庭喜欢聚在一起热热闹闹地包饺子，有的和面，有的擀皮，有的剥蒜。大家吃着一起包出来的饺子，心里也会变得暖暖的。

九九消寒图

冬至开始入九，古人发明了画“九九消寒图”的消遣方法，来挨过漫长寒冷的冬天。首先画一幅有九朵梅花的素梅，每朵梅花九个花瓣。从冬至这天起，每过一天就为一个花瓣涂上颜色，涂完一朵梅花，就过了一个“九”，涂完九朵，冬天就过去了。

各地美食

古时候人们很重视冬至这个节日，各地会吃不一样的美食来庆祝。现在很多地方仍然流传着不同的冬至饮食习俗，比如北方吃饺子，福建吃姜母鸭，江南水乡吃红豆糯米饭，上海吃汤圆，台湾吃糯糕。你那里冬至流行吃什么？

饺子

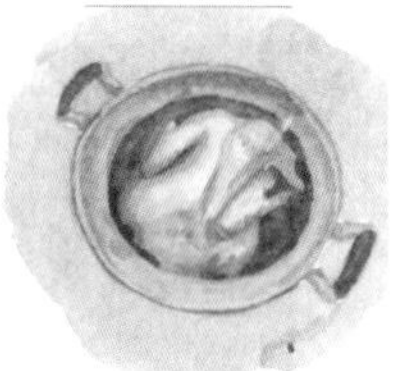
姜母鸭

红豆糯米饭

汤圆

小寒

咯吱——咯吱——厚厚的雪，一踩一个脚印。爸爸在前面，牙牙踩着爸爸的脚印走。顺着一股花香，他们找到几株开得正旺的蜡梅树，凑近闻一闻：“真香啊！”

小寒

小寒，时间点在1月5～7日之间。它标志着一年中最寒冷的日子开始了。根据我国气象资料记载，小寒是气温最低的节气，只有少数年份的大寒气温是低于小寒的。俗话说“冷在三九”，这“三九天”就是在小寒节气里。此时也进入农历一年当中的最后一个月份，俗称“腊月”。

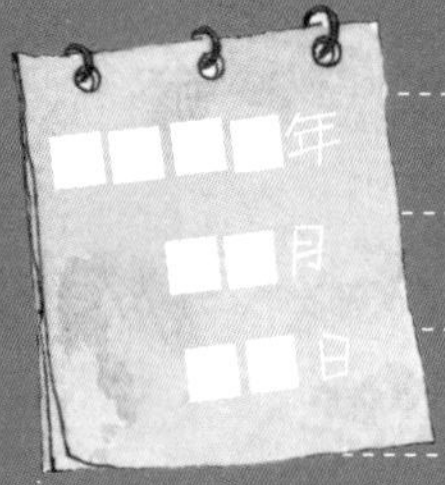

小寒大寒，
滴水成冰。

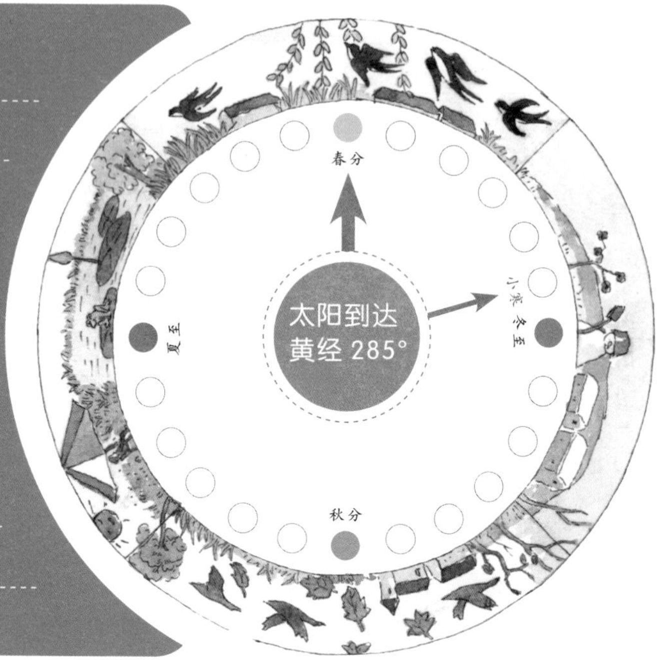

用画笔为温度计涂上刻度，
记下小寒这天的气温吧！

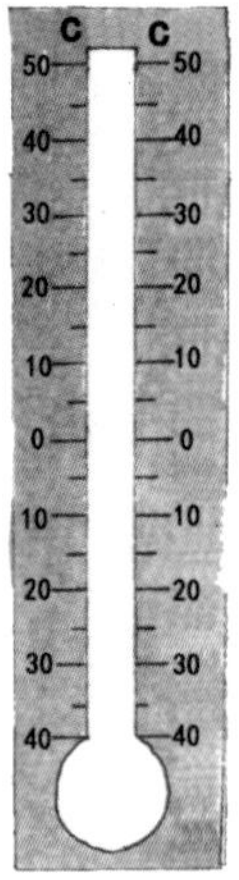

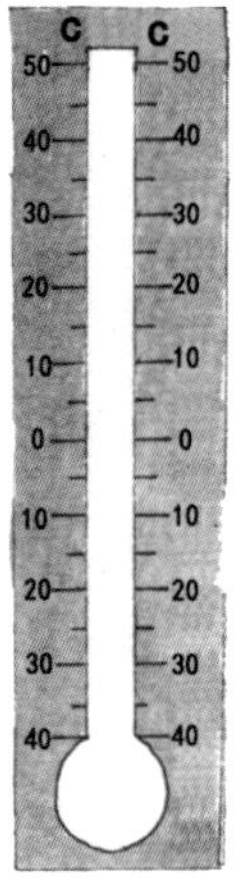

最高气温：______°C 最低气温：______°C

防冻

小寒时节气温很低，越冬的农作物容易受到冻害。一场大雪过后，果农会及时摇落果树上的积雪，以防树枝受冻或断裂。

苦寒吟

[唐] 孟郊

天寒色青苍，北风叫枯桑。
厚冰无裂文，短日有冷光。
敲石不得火，壮阴夺正阳。
苦调竟何言，冻吟成此章。

喜鹊筑巢

喜鹊喜欢在人类活动多的地方居住，它们常把巢安在民宅旁的大树上。喜鹊筑巢常常要花上几个月，所以它们早早就开工了，为来年产卵孵化幼鸟做准备。在高大的树冠上，喜鹊衔来树枝、河泥、绒毛等材料，先搭出巢的外形，再精心完成内部的装修，这样搭建出一个温暖结实的小窝，大约要花上 4 个月的时间。

小寒三候

一候，雁北乡

二候，鹊始巢

三候，雉始雊（gòu）

梅花

蜡梅

蜡梅

蜡梅飘香

你知道吗？蜡梅的“蜡”是蜡烛的“蜡”，因为它的花骨朵平滑厚实，表面质感就像涂了一层蜡，但很多人认为蜡梅是在腊月开放，所以误将蜡梅写作“腊梅”。其实蜡梅的花期很长，并不只在腊月开花。而且它和梅花也不是一回事，蜡梅比梅花开花早。蜡梅属于蜡梅科，梅花属于蔷薇科；蜡梅多为黄色，花瓣比较硬，而梅花花色多，花瓣比较软；蜡梅香味浓郁，梅花香味清淡。

雪地游戏

一场大雪过后，大地一片银白。孩子们自己动手，找来一块结实的木板，系上粗绳子，一个简易的滑雪车就做好了。一个人坐在上面，把脚抬起来，小伙伴们有的在前面拉绳子，有的在后面推，雪车跑得飞快。大家轮流坐，玩得非常开心。

腊八粥

小寒时节有个重要的节日——“腊八节”。腊月初八这一天，家家户户喝腊八粥，有些地方还有腌“腊八蒜”的习俗。方法很简单，你也来试试吧！用醋泡蒜，还能观察到蒜的奇妙变化。

关于腊八节的来历有很多传说。据说这天是释迦牟尼成佛的日子，也有人说是为了纪念南宋名将岳飞。不妨问问爸爸妈妈、爷爷奶奶，听他们讲讲那些和腊八节有关的故事。

过年歌

腊八一到，迎新年的热闹气氛一天赛过一天。读读这首《过年歌》，有关过年的好玩习俗你都知道吗？

过年歌

小孩小孩你别馋，过了腊八就是年。
腊八粥，喝几天，哩哩啦啦二十三。
二十三，糖瓜粘；二十四，扫房子；二十五，做豆腐；
二十六，割猪肉；二十七，添新衣；二十八，把面发；
二十九，蒸馒头；大年三十熬一宿，大年初一扭一扭。

腊八粥

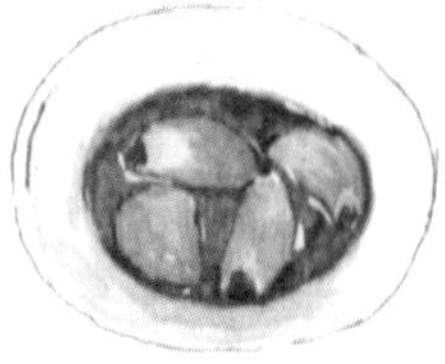

腊八蒜

制作腊八蒜

醋
蒜
瓶子
1. 蒜去皮
2. 蒜放入瓶中，倒入醋
3. 密封至蒜变绿，开封食用。醋可以用来拌凉菜，还可以用来做饺子蘸料

大寒

腊月二十三过小年，集市上人来人往，好不热闹！每个摊位前都站着好多人，大家都是来赶年集、买年货的。

奶奶对牙牙说，这天也是“灶王节”，要打扫屋子，吃糖瓜，送灶王爷，让灶王爷到玉帝那里多说些好话，为明年带来平安和财运。

大寒

大寒是二十四节气中最后一个节气，时间点在 1 月 19 ~ 21 日之间。大寒时节，天气寒冷到极点，地面积雪不化。大寒之后就是农历新年，所以这个时候充满了浓郁的年味和迎春的气氛。

小暑、大暑、处暑、小寒、大寒这五个节气都是反映气温的变化，用来表示一年中不同时期的冷热程度。过了大寒，又将迎来新一年的节气轮回。

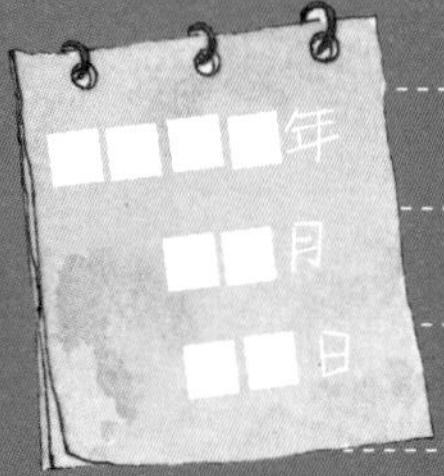

过了大寒，

又是一年。

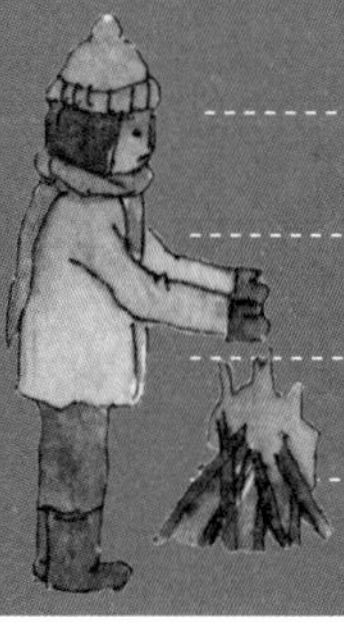

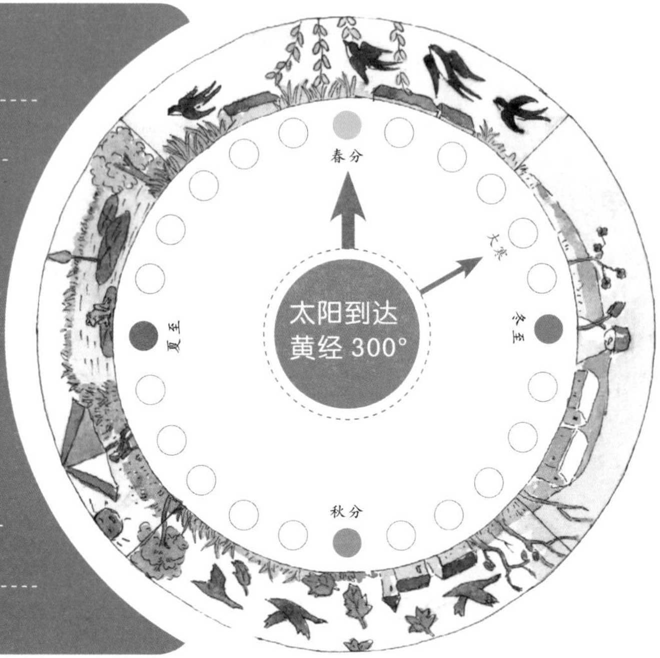

● 用画笔为温度计涂上刻度，记下大寒这天的气温吧！

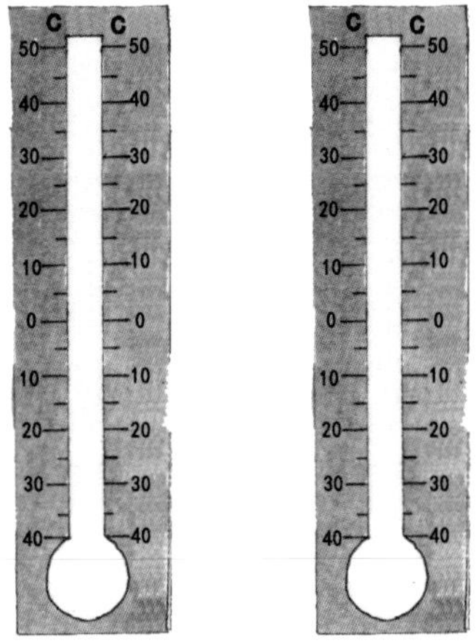

最高气温：______℃ 最低气温：______℃

天寒地冻

大寒时节常有大范围雨雪天气和大风降温，出门时一定要戴好围巾、手套，防止冻伤脸和手。

梅花

[宋]王安石

墙角数枝梅，
凌寒独自开。
遥知不是雪，
为有暗香来。

大寒三候

一候，鸡始乳

二候，征鸟厉疾

三候，水泽腹坚

征鸟厉疾

花草树木、鸟兽飞禽都根据季节活动，所以它们有规律的行动，就被看作区分时令节气的重要标志。大寒时节，老鹰、隼（sǔn）等猛禽正处于捕食能力极强的状态，它们盘旋于空中四处寻找食物，以补充身体的能量抵御严寒。

冬 泳

“三九四九冰上走。”这时候的冰面最厚最结实，吸引了不少滑冰爱好者。也有不怕冷的人凿开冰面，跳进冰冷的水里冬泳。有研究表明，科学地坚持冬泳运动不仅可以缓解人的紧张情绪，增强抗寒能力，还能改善人体的微循环，提高免疫力。

梅花开

春节来临时，南方的梅花在寒风和雪地中绽放了，北方的盆栽梅花也开了花，飘散着淡淡的清香。梅花开过后，树上才渐渐长出绿叶来。耐寒的梅花与松、竹并称为“岁寒三友”。

梅花的品种很多，按照用途主要分为两种：一种是可供观赏的花梅，一种是结果的果梅，好吃的话梅就是用果梅的果实制成的。

扫房 买年货

快过年了，每家每户都在为过年做准备。有的忙着打扫房屋，收拾院子，贴窗花；有的出门购置年货，挑选灯笼、对联和鞭炮，给孩子们买新衣服。

雪地里的秘密

皑皑白雪静静地躺在冬日阳光下，像一张巨大的棉被。暖暖的阳光掀开被子的一角，青青的冬小麦露出小尖头……呀！冬天还没走，春天就已经来了吗？

又一年

忙进忙出的人们，脸上洋溢着笑容，迎接新年的到来。

经历了立冬、小雪、大雪、冬至、小寒、大寒，冬天的三个月结束了。大寒过完，一年里的二十四个节气就全部过完了。

寒气尚未消散，墙角的迎春花已悄悄开放。春去春又回，新一轮的二十四节气又要开始了。

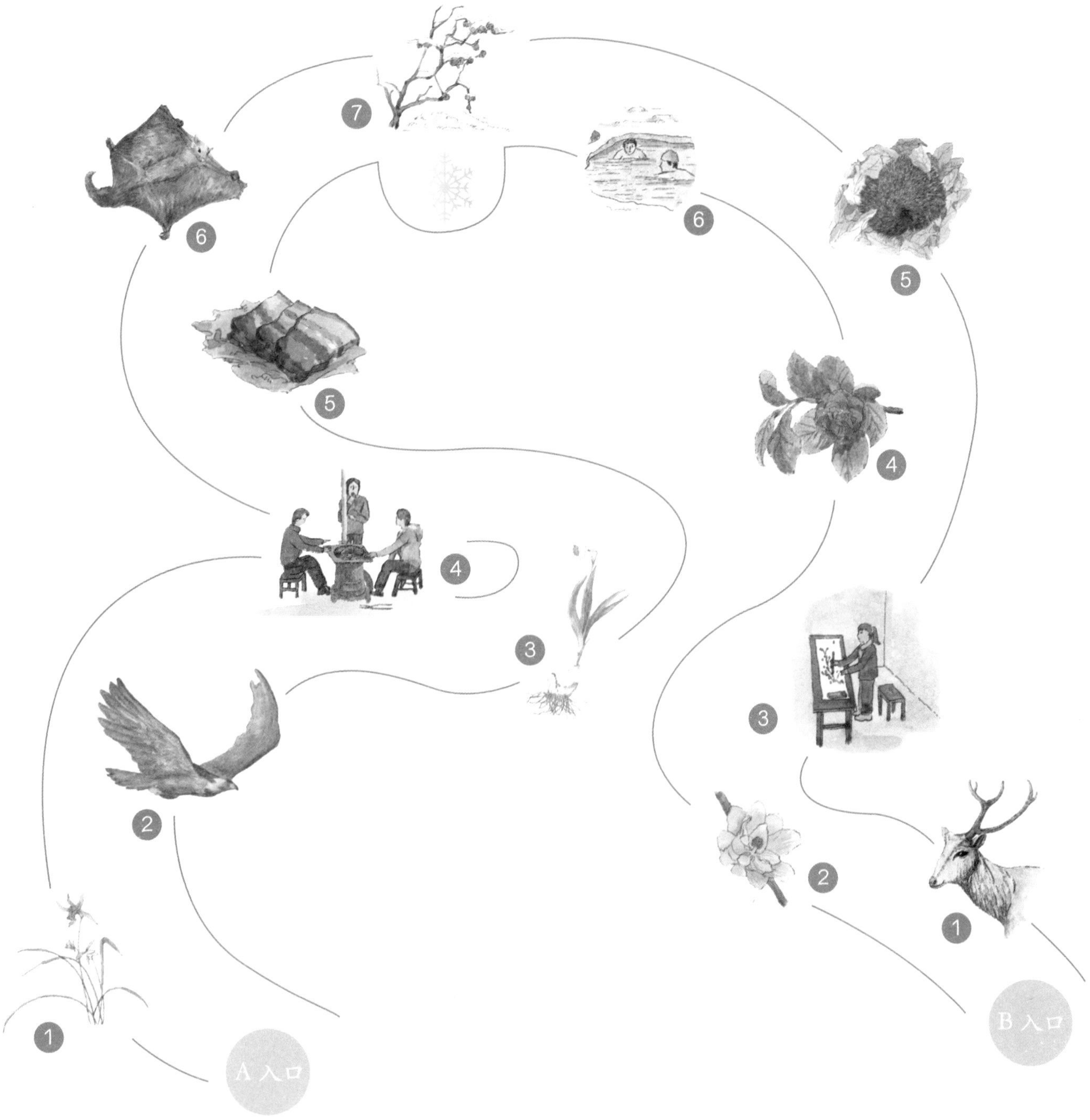

谁拿到“金雪花”？

游戏规则：两名玩家分别从 A、B 两个入口同时进入，依次写下途中遇见的 7 个图案名称，先写完者即可获得图 7 下方的“金雪花”，获得胜利。